Orhun Soydan
Ahmet Benliay

Análise das centrais eólicas em termos de arquitetura paisagística

Orhun Soydan
Ahmet Benliay

Análise das centrais eólicas em termos de arquitetura paisagística

ScienciaScripts

Imprint

Cover image: www.ingimage.com

This book is a translation from the original published under ISBN 978-3-659-85868-0.

Publisher:
Sciencia Scripts
is a trademark of
Dodo Books Indian Ocean Ltd. and OmniScriptum S.R.L publishing group

120 High Road, East Finchley, London, N2 9ED, United Kingdom
Str. Armeneasca 28/1, office 1, Chisinau MD-2012, Republic of Moldova, Europe
Printed at: see last page
ISBN: 978-620-8-31946-5

ÍNDICE DE CONTEÚDOS

RESUMO

A indústria energética tornou-se um dos sectores mais importantes devido ao aumento da população mundial, à urbanização e ao nível de bem-estar na vida social. As necessidades de energia eléctrica das pessoas também estão a aumentar. Os actuais recursos fósseis que são utilizados na produção de energia eléctrica são limitados e certamente irão esgotar-se um dia. Sabe-se que as actuais técnicas convencionais de produção e consumo de energia causam efeitos adversos locais, regionais e globais nas pessoas, no ambiente e nos recursos naturais. Por conseguinte, a produção e o consumo de energias sem danificar o ambiente são de grande importância.

Neste estudo, foram analisados, do ponto de vista da arquitetura paisagística, os possíveis efeitos das centrais eólicas na envolvente imediata. O estudo inclui uma avaliação da nova área sugerida para a central eólica em Kocadag e Karadag Hills em Qe§me, Izmir, Turquia. No âmbito do estudo, foram efectuados levantamentos de campo e um inventário das paisagens naturais e culturais da região. Foram criadas várias análises, tais como: erosão do solo, habitat, carácter da paisagem e análise visual. No final, foi discutida a adequação da área de estudo para a construção de centrais eólicas.

Como resultado, no processo de construção, o projeto da central eólica deve ter como objetivo minimizar os danos ambientais, os potenciais riscos de erosão e as perdas de qualidade visual. A fim de proteger a estrutura natural, devem ser realizadas restaurações paisagísticas após a construção do local e devem ser feitas observações de campo. Este estudo indicou objectivos, medidas e precauções em caso de construção de turbinas na área.

Palavras-chave: Recuperação da paisagem, Energia renovável, Central eólica.

CAPÍTULO 1

ENERGIA EÓLICA

As tecnologias de energias renováveis podem ajudar os países a atingir os seus objectivos políticos em matéria de energia segura, fiável e a preços acessíveis para expandir o acesso à eletricidade e promover o desenvolvimento. Este documento faz parte de uma série sobre o custo e o desempenho das tecnologias de energias renováveis produzida pela IRENA. O objetivo destes documentos é apoiar a tomada de decisões governamentais e garantir que os governos tenham acesso a informações actualizadas e fiáveis sobre os custos e o desempenho das tecnologias de energias renováveis.

Sem acesso a informação fiável sobre os custos e benefícios relativos das tecnologias de energias renováveis, é difícil, se não impossível, que os governos cheguem a uma avaliação exacta das tecnologias de energias renováveis mais adequadas às suas circunstâncias particulares. Estes documentos preenchem uma lacuna significativa na disponibilidade de informação, porque há falta de dados exactos, comparáveis, fiáveis e actualizados sobre os custos e o desempenho das tecnologias de energias renováveis. O rápido crescimento da capacidade instalada de tecnologias de energias renováveis e as reduções de custos associadas significam que mesmo dados com um ou dois anos podem sobrestimar significativamente o custo da eletricidade produzida a partir de tecnologias de energias renováveis. Existe também uma quantidade significativa de conhecimentos sobre o custo e o desempenho das tecnologias de produção de energia a partir de fontes renováveis que não são exactos ou são enganadores. As convenções sobre a forma de calcular o custo podem influenciar significativamente o resultado e é imperativo que sejam claramente documentadas. A ausência de dados exactos e fiáveis sobre o custo e o desempenho das tecnologias de produção de energia a partir de fontes renováveis constitui um obstáculo significativo à adoção destas tecnologias. A disponibilização desta informação ajudará os governos, os decisores políticos, os investidores e os serviços públicos a tomar decisões informadas sobre o papel que as energias renováveis podem desempenhar no seu cabaz de produção de eletricidade. Este documento examina as componentes de custos fixos e variáveis da energia eólica, por país e região, e fornece estimativas do custo nivelado da eletricidade produzida a partir da energia eólica, tendo em conta uma série de pressupostos fundamentais. Esta análise actualizada dos custos da produção de eletricidade a partir da energia eólica permitirá uma comparação justa com outras tecnologias de produção [1].

A primeira turbina eólica geradora de eletricidade foi construída por Charles F. Brush, em 1888. Na década de 1930, as modernas turbinas eólicas de tipo dinamarquês foram desenvolvidas a partir dos pioneiros [2]. A partir da década de 1970, a tecnologia das turbinas eólicas registou um rápido crescimento e continua a sua tendência de crescimento a uma taxa de 20-40% [3].

A energia eólica depende, indiretamente, da energia do sol. Uma pequena parte da radiação solar recebida pela Terra é convertida em energia cinética [4], cuja principal causa é o desequilíbrio entre a radiação líquida de saída nas altas latitudes e a radiação líquida de entrada nas baixas latitudes. A rotação da Terra, as caraterísticas geográficas e os gradientes de temperatura afectam a localização e a natureza dos ventos resultantes [5]. A utilização da energia eólica exige que a energia cinética do ar em movimento seja convertida em energia útil. Consequentemente, a economia da utilização do vento para o fornecimento de eletricidade é altamente sensível às condições locais do vento e à capacidade das turbinas eólicas para extrair energia de forma fiável numa vasta gama de velocidades típicas do vento.

A energia eólica é utilizada há milénios [6]. As embarcações à vela dependiam do vento desde antes de 3000 a.C., seguindo-se as aplicações mecânicas da energia eólica na moagem de cereais, na bombagem de água e na alimentação de máquinas fabris, primeiro com dispositivos de eixo vertical e depois com turbinas de eixo horizontal. Por volta de 200 a.C., por exemplo, os moinhos de vento simples na China bombeavam água, enquanto os moinhos de vento de eixo vertical moíam cereais na

Pérsia e no Médio Oriente. No século XI, os moinhos de vento eram utilizados na produção de alimentos no Médio Oriente; os mercadores e os cruzados que regressavam transportavam esta ideia para a Europa.

Os holandeses e outros aperfeiçoaram o moinho de vento e adaptaram-no para aplicações industriais, como serrar madeira, fazer papel e drenar lagos e pântanos. Quando os colonos levaram esta tecnologia para o Novo Mundo, no final do século XIX, começaram a utilizar moinhos de vento para bombear água para as quintas e ranchos. A industrialização e a eletrocussão rural, primeiro na Europa e depois nos EUA, levaram a um declínio gradual da utilização de moinhos de vento para aplicações mecânicas [7]. As primeiras experiências bem sucedidas com a utilização do vento para gerar eletricidade são frequentemente atribuídas a James Blyth (1887), Charles Brush (1887) e Poul la Cour (1891). A utilização da eletricidade eólica em zonas rurais e, a título experimental, em aplicações de maior escala, prosseguiu em meados do século XX. No entanto, a utilização do vento para a produção de eletricidade à escala comercial só se tornou viável na década de 1970, em resultado dos progressos técnicos e do apoio governamental, primeiro na Dinamarca, a uma escala relativamente pequena, depois a uma escala muito maior na Califórnia (década de 1980) e, em seguida, na Dinamarca, Alemanha e Espanha (década de 1990).

A principal utilização da energia eólica relevante para a atenuação das alterações climáticas é a produção de eletricidade a partir de turbinas eólicas de maiores dimensões, ligadas à rede, instaladas num grande número de centrais eólicas mais pequenas ou num número mais reduzido de centrais muito maiores. A partir de 2010, essas turbinas estão frequentemente instaladas em torres tubulares com mais de 80 m de altura, com rotores de três pás que ultrapassam frequentemente os 80 m de diâmetro; estão em funcionamento máquinas comerciais com diâmetros de rotor e alturas de torre superiores a 125 m e estão a ser desenvolvidas máquinas ainda maiores. As centrais eólicas estão normalmente localizadas em terra: no final de 2009, as centrais eólicas localizadas no mar ou em água doce constituíam uma percentagem relativamente pequena das instalações globais de energia eólica. No entanto, à medida que a implantação da energia eólica se expande e que a tecnologia avança, espera-se que a energia eólica offshore se torne uma fonte mais significativa do fornecimento global de energia eólica.

A energia eólica tem servido e continuará a servir outras necessidades de serviços energéticos. Em zonas remotas do mundo que não dispõem de abastecimento centralizado de eletricidade, podem ser instaladas turbinas eólicas mais pequenas, isoladamente ou em conjunto com outras tecnologias, para satisfazer as necessidades de eletricidade de agregados familiares ou comunidades; pequenas turbinas desta natureza também servem as necessidades de energia marinha. As redes eléctricas de pequenas ilhas ou remotas também podem utilizar a energia eólica, juntamente com outras fontes de energia. Mesmo em ambientes urbanos que já dispõem de acesso imediato à eletricidade, as turbinas eólicas mais pequenas podem, com uma localização cuidadosa, ser utilizadas para satisfazer uma parte das necessidades energéticas dos edifícios. Estão também a ser estudados novos conceitos para máquinas de energia eólica de maior altitude. Além disso, para além do fornecimento de eletricidade, a energia eólica pode satisfazer as necessidades mecânicas e de propulsão em aplicações específicas [8].

A procura de eletricidade na Turquia cresce 8% todos os anos. Até ao ano 2020, a capacidade de produção de eletricidade deverá ser cinco vezes superior à atual, o que representa um desenvolvimento verdadeiramente extremo nos próximos 22 anos. Já hoje a Turquia tem de importar energia eléctrica dos países vizinhos para satisfazer a procura atual. As centrais eléctricas existentes, com os seus 22 000 MW totalmente instalados, são teoricamente suficientes para produzir energia suficiente, mas especialmente as centrais térmicas são frequentemente obsoletas e, por conseguinte, produzem menos do que a potência nominal. Para satisfazer as futuras necessidades energéticas, a Turquia tem de instalar 43 000 MW adicionais até 2010 e, nos dez anos seguintes, mais 45 000 MW para atingir os 110 000 MW planeados para 2020. Com uma contribuição de 3% da produção de eletricidade no ano 2020 ou uma instalação de energia de aproximadamente 7.000 MW, a Turquia tornar-se-á um dos países mais promissores em termos de energia eólica no futuro [9].

CAPÍTULO 2

TECNOLOGIAS E RECURSOS EÓLICOS

As tecnologias de energia eólica transformam a energia cinética do vento em energia mecânica útil. A energia cinética do fluxo de ar fornece a força motriz que faz girar as pás da turbina eólica que, através de um eixo de acionamento, fornecem a energia mecânica para alimentar o gerador na turbina eólica [10].

A energia eólica e a energia hidráulica são utilizadas pelo homem desde a antiguidade e constituem a mais antiga fonte de energia em grande escala utilizada pela humanidade. No entanto, a invenção da máquina a vapor e a sua ampla utilização no século XIX permitiram a ocorrência da revolução industrial, fornecendo energia mecânica e depois eléctrica barata e a pedido, com a possibilidade de aproveitar também o calor residual produzido. O seu baixo custo e o facto de não dependerem de ventos inconstantes nem necessitarem de estar localizadas junto a uma fonte de água conveniente permitiram o grande salto de produtividade e de rendimentos que resultou da Revolução Industrial. Com o seu sucesso, a importância da energia eólica diminuiu drasticamente, sobretudo no século XX. A era moderna da energia eólica começou em 1979 com a produção em massa de turbinas eólicas pelos fabricantes dinamarqueses Kuriant, Vestas, Nordtank e

Bónus. Estas primeiras turbinas eólicas tinham tipicamente capacidades reduzidas (10 kW a 30 kW) de acordo com os padrões actuais, mas foram pioneiras no desenvolvimento da indústria moderna de energia eólica que vemos hoje. A dimensão média atual das turbinas eólicas ligadas à rede é de cerca de 1,16 MW (BTM Consult, 2011), enquanto a maioria dos novos projectos utiliza turbinas eólicas entre 2 MW e 3 MW. Estão disponíveis modelos ainda maiores, por exemplo, a turbina eólica de 5 MW da REPower está no mercado há sete anos. Quando as turbinas eólicas são agrupadas, são designadas por "parques eólicos". Os parques eólicos são constituídos pelas turbinas propriamente ditas, mais as estradas de acesso ao local, os edifícios (se existirem) e o ponto de ligação à rede.

As tecnologias de energia eólica existem numa variedade de tamanhos e estilos e podem geralmente ser categorizadas pelo facto de serem turbinas eólicas de eixo horizontal ou de eixo vertical (HAWT e VAWT), e pelo facto de estarem localizadas em terra ou no mar. A produção de eletricidade das turbinas eólicas é determinada pela capacidade da turbina (em kW ou MW), a velocidade do vento, a altura da turbina e o diâmetro dos rotores. A maioria das turbinas eólicas modernas de grande escala tem três pás que giram em torno do eixo horizontal (o eixo do veio de acionamento). Estas turbinas eólicas representam a quase totalidade das turbinas eólicas instaladas à escala dos serviços públicos. Existem turbinas eólicas de eixo vertical, mas são teoricamente menos eficientes do ponto de vista aerodinâmico do que as turbinas de eixo horizontal e não têm uma quota de mercado significativa [8]. Para além das concepções de grande escala, tem havido um interesse renovado nas turbinas eólicas de pequena escala, com algumas opções de conceção inovadoras desenvolvidas nos últimos anos para turbinas de eixo vertical de pequena escala. As turbinas eólicas de eixo horizontal podem ser classificadas de acordo com as suas caraterísticas técnicas, incluindo

" Colocação do rotor (contra o vento ou a favor do vento);

"o número de lâminas;

"o sistema de regulação da saída do gerador;

"a ligação do cubo ao rotor (rígida ou articulada; o chamado "cubo oscilante");

" conceção da caixa de velocidades (caixa de velocidades de várias fases com gerador de alta velocidade; caixa de velocidades de uma fase com gerador de velocidade média ou transmissão direta com gerador síncrono);

" a velocidade de rotação do rotor para manter uma frequência constante (fixa ou controlada pela eletrónica de potência); e

" capacidade das turbinas eólicas.

O tamanho da turbina e o tipo de sistema de energia eólica estão normalmente relacionados. Atualmente, uma turbina eólica à escala dos serviços públicos tem geralmente três pás, um diâmetro de cerca de 80 a 100 metros, uma capacidade de 0,5 MW a 3 MW e faz parte de um parque eólico com 15 a 150 turbinas ligadas à rede. As pequenas turbinas eólicas são geralmente consideradas como aquelas com capacidades de produção inferiores a 100 kW. Estas turbinas mais pequenas podem ser utilizadas para alimentar aplicações remotas ou fora da rede, como casas, quintas, refúgios ou balizas. Os sistemas eólicos de dimensão intermédia (100 kW a 250 kW) podem alimentar uma aldeia ou um conjunto de pequenas empresas e podem ser ligados à rede ou não ligados à rede. Estas turbinas podem ser acopladas a geradores a gasóleo, baterias e outras fontes de energia distribuídas para utilização remota onde não há acesso à rede. Os sistemas eólicos de pequena escala continuam a ser uma aplicação de nicho, mas é um segmento de mercado que está a crescer rapidamente [11].

A velocidade do vento e a produção de eletricidade

Com o aumento da velocidade do vento, a quantidade de energia disponível aumenta, seguindo uma função cúbica. Por conseguinte, os factores de capacidade aumentam rapidamente à medida que a velocidade média do vento aumenta. Uma duplicação da velocidade do vento aumenta a potência de saída da turbina eólica por um fator de oito [12].

Existe, por conseguinte, um incentivo significativo para instalar parques eólicos em zonas com velocidades médias do vento elevadas. Além disso, o vento sopra geralmente de forma mais constante a velocidades mais elevadas e a maiores alturas. Por exemplo, um aumento de cinco vezes na altura de uma turbina eólica acima do terreno predominante pode resultar no dobro da potência eólica. A temperatura do ar também tem um efeito, uma vez que o ar mais denso (mais frio) fornece mais energia. A "suavidade" do ar também é importante. O ar turbulento reduz a produção e pode aumentar as cargas na estrutura e no equipamento, aumentando a fadiga dos materiais e, consequentemente, os custos de O&M das turbinas. A energia máxima que pode ser aproveitada por uma turbina eólica é aproximadamente proporcional à área varrida do rotor. A conceção das pás e os desenvolvimentos tecnológicos são uma das chaves para aumentar a capacidade e a produção das turbinas eólicas. Ao duplicar o diâmetro do rotor, a área varrida e, por conseguinte, a potência produzida, aumenta por um fator de quatro. O quadro. 1 apresenta um exemplo, para a Dinamarca, do impacto de diferentes opções de conceção para as dimensões das turbinas, os diâmetros dos rotores e as alturas dos cubos.

Tabela 1. Impacto das dimensões da turbina, diâmetros do rotor e alturas do cubo na produção anual [13].

Generator size, MW	Rotor, m	Hub Height, m	Annual production, MWh
3.0	90	80	7089
3.0	90	90	7497
3.0	112	94	10384
1.8	80	80	6047

A vantagem da deslocação para o mar não só traz velocidades médias do vento mais elevadas, mas também a possibilidade de construir turbinas muito grandes com diâmetros de rotor grandes. Embora esta tendência não se limite ao offshore, a dimensão das turbinas eólicas instaladas em terra também tem continuado a crescer. A dimensão média das turbinas eólicas situa-se atualmente entre 2 MW e 3 MW. As turbinas maiores proporcionam maior eficiência e economia de escala, mas também são mais complexas de construir, transportar e instalar. Uma consideração adicional é o custo, uma vez que as torres eólicas são geralmente feitas de chapa de aço laminada. A subida dos preços dos produtos de base durante o período de 2006-2008 provocou um aumento dos custos da energia eólica, tendo o preço do aço triplicado entre 2005 e o seu pico em meados de 2008 (Figura 1).

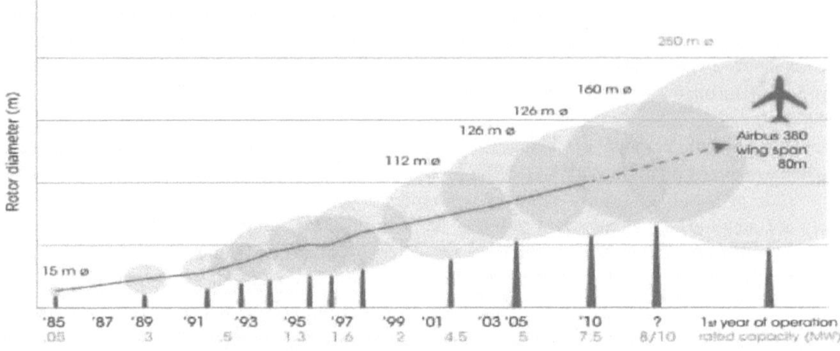

Figura 1. Crescimento do tamanho das turbinas eólicas desde 1985 [14].

2.1 Conceção de turbinas eólicas e parques eólicos

2.1.1 Tecnologias de energia eólica em terra

Estão a ser utilizados muitos conceitos diferentes de conceção da turbina eólica de eixo horizontal. O mais comum é uma máquina de eixo horizontal com três pás, regulada por estol ou passo, que funciona a uma velocidade de rotação quase fixa. No entanto, existem outros conceitos de produção, nomeadamente as turbinas de "transmissão direta" sem engrenagens com geradores de velocidade variável, que têm *uma* quota de mercado significativa. Normalmente, as turbinas eólicas começam a produzir eletricidade a uma velocidade do vento de 3 a 5 metros por segundo (m/s), atingem a potência máxima a 15 m/s e, em geral, deixam de funcionar a uma velocidade do vento de cerca de 25 m/s. Existem dois métodos principais de controlo da potência de saída das pás do rotor. O primeiro, e mais comum, é o "controlo de inclinação", em que o ângulo das pás do rotor é ativamente ajustado pelo sistema de controlo.

Este sistema tem travagem incorporada, uma vez que as pás ficam estacionárias quando estão totalmente "emplumadas". O outro método é conhecido como "controlo de perda" e, neste caso, são as propriedades aerodinâmicas inerentes à pá que determinam a potência. A torção e a espessura da pá do rotor variam ao longo do comprimento da pá e são concebidas de forma a que ocorra turbulência atrás da pá sempre que a velocidade do vento se torna demasiado elevada. Esta turbulência significa que a pá se torna menos eficiente e, consequentemente, minimiza a potência de saída a velocidades mais elevadas. As máquinas de controlo de paragem também têm travões na base da pá para parar o rotor, se a turbina precisar de ser parada por qualquer razão.

Para além da forma como a saída é controlada, o gerador da turbina eólica pode ser de "velocidade fixa" ou de "velocidade variável". As vantagens das turbinas de velocidade variável que utilizam sistemas de acionamento direto são o facto de os rotores funcionarem de forma mais eficiente, de as cargas no sistema de acionamento poderem ser reduzidas e de os ajustes de inclinação serem minimizados. Na potência nominal, a turbina torna-se essencialmente uma turbina de velocidade constante. No entanto, estas vantagens têm de ser contrabalançadas pelo custo adicional da eletrónica de potência necessária para permitir o funcionamento a velocidade variável [15].

Uma turbina eólica moderna típica pode ser dividida nas suas partes principais, que são as seguintes Pás: As turbinas modernas utilizam normalmente três pás, embora sejam possíveis outras configurações. As pás das turbinas são normalmente fabricadas a partir de fibra de vidro reforçada com poliéster ou resina epóxi. No entanto, estão a ser introduzidos novos materiais, como a fibra de carbono, para proporcionar a elevada relação resistência/peso necessária para as pás de turbinas eólicas cada vez maiores que estão a ser desenvolvidas. Também é possível fabricar as pás a partir de madeira laminada, embora isso restrinja o tamanho.

Nacelle: É a estrutura principal da turbina e os principais componentes da turbina estão alojados nesta estrutura de fibra de vidro. Cubo do rotor: O conjunto do rotor e do cubo da turbina gira a um ritmo de 10 a 25 rotações por minuto (rpm), dependendo do tamanho e da conceção da turbina (velocidade constante ou variável). O cubo está normalmente ligado a um veio de baixa velocidade ligado à caixa de velocidades da turbina. As turbinas modernas dispõem de um sistema de inclinação para ajustar melhor o ângulo das pás, conseguido através da rotação de um rolamento na base de cada pá. Isto permite que as rotações do rotor sejam controladas e passem mais tempo no intervalo ótimo de conceção. Também permite que as lâminas sejam emplumadas em condições de vento forte para evitar danos. Caixa de velocidades: Está alojada na nacela, embora existam modelos de "transmissão direta" que não necessitam de uma. A caixa de velocidades converte a rotação de baixa velocidade e elevado binário do rotor em rotação de alta velocidade (cerca de 1 500 rpm) com baixo binário para entrada no gerador: O gerador está alojado na nacela e converte a energia mecânica do rotor em energia eléctrica. Normalmente, os geradores funcionam a 690 volts (V) e fornecem corrente alternada trifásica (CA). Os geradores de indução com alimentação dupla são comuns, embora os geradores assíncronos e de ímanes permanentes também sejam utilizados em projectos de transmissão direta. Controlador: O controlador eletrónico da turbina monitoriza e controla a turbina e recolhe dados operacionais. A implementação eficaz dos sistemas de controlo pode ter um impacto significativo na produção de energia e na carga de uma turbina, pelo que estão a tornar-se cada vez mais avançados. Os controladores monitorizam, controlam ou registam um vasto número de parâmetros, desde as velocidades de rotação e as temperaturas do sistema hidráulico, passando pelos ângulos de inclinação das pás e de guinada da nacela, até à velocidade do vento. O operador do parque eólico pode, por conseguinte, dispor de informações completas e controlar as turbinas a partir de um local remoto. No entanto, são também utilizadas torres de betão, bases de betão com secções superiores de aço e torres de treliça. A altura das torres tende a ser muito específica para cada local e depende do diâmetro do rotor e das condições de velocidade do vento no local. As escadas e, frequentemente, os elevadores nas turbinas maiores de hoje em dia, no interior das torres, permitem o acesso do pessoal de serviço à nacela. À medida que a altura da torre aumenta, o diâmetro na base também aumenta. Transformador: O transformador é frequentemente alojado no interior da torre da turbina. A saída de média tensão do gerador é aumentada pelo transformador para valores entre 10 kV e 35 kV, dependendo dos requisitos da rede local.

1.1.1. Tecnologias de energia eólica offshore

Os parques eólicos offshore estão no início da sua fase de implantação comercial. Têm custos de capital mais elevados do que os parques eólicos terrestres, mas isso é compensado, em certa medida, por factores de capacidade mais elevados. Em última análise, os parques eólicos offshore permitirão uma implantação muito maior da energia eólica a longo prazo. As razões para os factores de capacidade mais elevados e para uma maior implantação potencial são o facto de as turbinas offshore poderem ser [16];

" Mais altos e com pás mais compridas, o que resulta numa maior área varrida e, por conseguinte, numa maior produção de eletricidade.

" Situados em locais com velocidades médias do vento mais elevadas e com baixa turbulência.

" São possíveis parques eólicos de grandes dimensões.

" Menos condicionada por muitos dos problemas de localização em terra. No entanto, existem outros condicionalismos, que podem ser igualmente problemáticos e que devem ser devidamente considerados (por exemplo, vias de navegação, impacto visual, infra-estruturas adequadas em terra, etc.).

Com o ambiente regulamentar correto, os parques eólicos offshore poderiam ajudar a compensar este desafio, permitindo a instalação de grandes turbinas eólicas em zonas de velocidade média do vento elevada. Assim, embora a instalação da energia eólica offshore continue a ser quase duas vezes mais cara do que a da energia eólica onshore, as suas perspectivas a longo prazo são boas. Prevê-se, por exemplo, que as instalações eólicas offshore possam ter uma produção de eletricidade 50% superior à dos parques eólicos equivalentes em terra, devido às velocidades de vento mais elevadas e sustentadas que existem no mar. Os promotores e fabricantes de turbinas acumularam agora mais de dez anos de experiência no desenvolvimento de energia eólica offshore. As turbinas e as peças utilizadas nas turbinas offshore têm vindo a melhorar constantemente e o conhecimento sobre as condições especiais de funcionamento no mar tem vindo a aumentar. No entanto, a redução do custo de desenvolvimento da energia eólica offshore é um grande desafio. As turbinas offshore são concebidas para resistir ao regime de ventos mais exigente em alto mar e requerem uma proteção adicional contra a corrosão e outras medidas para resistir ao ambiente marinho rigoroso. O aumento dos custos de capital é o resultado de custos de instalação mais elevados para as fundações, torres e turbinas, bem como dos requisitos adicionais para proteger a instalação do ambiente offshore. Atualmente, os sistemas de parques eólicos offshore utilizam três tipos de fundações: estruturas de estaca simples, estruturas de gravidade ou estruturas de estacas múltiplas. A escolha do tipo de fundação a utilizar depende das condições locais do fundo do mar, da profundidade da água e dos custos estimados. Para além destas técnicas, estão também a ser investigadas estruturas de apoio flutuantes, mas estas encontram-se apenas na fase de I&D e de projeto-piloto (Quadro 2).

Tabela 2. Opções de fundações para turbinas eólicas offshore [16]

FoundationType/ Concept	Aplication	Advantages	Disadvantages
Mono-piles	Most conditions, preferably shallow water and not deep soft material. Up to 4 m diameter. Diameters of 5-6 m are the next step	Simple, light and versatile. Of lengths up to 35 m.	Expensive installation due to large size. May require pre-drilling a socket. Difficult to remove.
Multiple-piles (tripod)	Most conditions, preferably not deep soft material. Suits water depth above 30 m.	Very rigid and versatile.	Very expensive construction and installation. Difficult to remove.
Concrete gravity base	Virtually all soil conditions.	Float-out installation	Expensive due to large weight
Steel gravity base	Virtually all soil conditions. Deeper water than concrete.	Lighter than concrete. Easier transportation and installation. Lower expense since the same crane can be used as for erection of turbine.	Costly in areas with significant erosion. Requires a cathodic protection system. Costly compared with concrete in shallow waters.

Mono-suction caisson	Sands, soft clays.	Inexpensive installation. Easy removal.	Installation proven in limited range of materials.
Multiple-suction caisson (tripod)	Sands and soft clays. Deeper water.	Inexpensive installation. Easy removal.	Installation proven in limited range of materials. More expensive construction
Floating	Deep waters	Inexpensive foundation construction. Less sensitive to water depth than other types. Non-rigid, so lower wave loads	High mooring and platform costs. Excludes fishing and navigation from areas of farm.

Atualmente, a maioria das turbinas eólicas offshore instaladas em todo o mundo utiliza uma estrutura de monoestaca e encontra-se em águas pouco profundas, normalmente não superiores a 30 m (IEA, 2009). O tipo de estrutura monoestaca mais utilizado consiste em inserir tubos de aço com um diâmetro de 3-5 no leito marinho a uma profundidade de 15-30 utilizando furos de perfuração. O mérito desta fundação é o facto de não ser necessária uma base no fundo do mar e de o seu fabrico ser relativamente simples, mas a instalação pode ser relativamente difícil e a carga das ondas e das correntes em águas mais profundas significa que a flexão e a fadiga são um problema a considerar.

O principal desafio a longo prazo será o desenvolvimento de fundações de menor custo, especialmente para águas profundas ao largo, onde serão necessárias plataformas flutuantes. É provável que o futuro da energia eólica offshore se baseie no desenvolvimento de projectos de maior escala, localizados em águas mais profundas, a fim de aumentar o fator de capacidade e de dispor de espaço suficiente para que as grandes turbinas eólicas funcionem eficazmente.

No entanto, a distância à costa, o aumento da dimensão dos cabos, as fundações em águas profundas e os desafios de instalação aumentarão o custo do parque eólico. Existe um compromisso económico que pode ser muito específico para cada local. A capacidade média atual das turbinas eólicas instaladas em parques eólicos marítimos é de 3,4 MW (EWEA, 2011a), contra 2,9 MW em 2010. Os parques eólicos recentemente instalados utilizaram normalmente uma turbina de 3,6 MW, mas estão disponíveis ou estão a ser desenvolvidas turbinas de 5 MW ou maiores. Por conseguinte, é provável que a tendência para turbinas eólicas de maior dimensão continue num futuro próximo e que as turbinas de 5 MW e de maior dimensão dominem as instalações offshore no futuro [17].

1.1.2. Pequenas turbinas eólicas

Embora não exista uma definição oficial do que constitui uma pequena turbina eólica, esta é geralmente definida como uma turbina com uma capacidade igual ou inferior a 100 kW. Em comparação com os sistemas eólicos à escala dos serviços públicos, as pequenas turbinas eólicas têm geralmente custos de capital mais elevados e atingem factores de capacidade mais baixos, mas podem satisfazer importantes necessidades de eletricidade não satisfeitas e oferecer benefícios económicos e sociais locais, especialmente quando utilizadas para a eletrificação fora da rede. A quota-parte das pequenas turbinas eólicas no mercado mundial total de energia eólica foi estimada em cerca de 0,14% em 2010 e prevê-se que aumente para 0,48% até 2020. As pequenas turbinas eólicas podem satisfazer as necessidades de eletricidade de casas individuais, explorações agrícolas, pequenas empresas e aldeias ou pequenas comunidades e podem ter uma potência tão pequena como 0,2 kW.

Podem desempenhar um papel muito importante nos regimes de eletrificação rural em aplicações fora da rede e em mini-redes. Podem ser uma solução competitiva para a eletrificação fora da rede e podem complementar os sistemas solares fotovoltaicos em sistemas fora da rede ou em mini-redes. Embora as pequenas turbinas eólicas sejam uma tecnologia comprovada, são necessários mais progressos na tecnologia e no fabrico de pequenas turbinas eólicas, a fim de melhorar o desempenho e reduzir os custos. Técnicas de instalação e manutenção mais eficientes também ajudarão a melhorar a economia e a atratividade das pequenas turbinas eólicas. As tecnologias das pequenas turbinas eólicas têm melhorado constantemente desde a década de 1970, mas é necessário continuar a trabalhar para melhorar a fiabilidade do funcionamento e reduzir as preocupações com o ruído para níveis aceitáveis.

Aerofólios avançados, geradores de super-ímanes, eletrónica de potência inteligente, torres muito altas e caraterísticas de baixo ruído não só ajudarão a melhorar o desempenho, como também a reduzir o custo da eletricidade produzida a partir de pequenas turbinas eólicas. A implantação de pequenas turbinas eólicas está a expandir-se rapidamente, uma vez que a tecnologia parece estar finalmente a atingir a maturidade. O desenvolvimento da tecnologia das pequenas turbinas eólicas reflectiu o das grandes turbinas, tendo sido desenvolvida uma variedade de tamanhos e estilos, embora as turbinas eólicas de eixo horizontal dominem (95% a 98% do mercado). Atualmente, cerca de 250 empresas em 26 países estão envolvidas no fornecimento de pequenas turbinas eólicas. A grande maioria destas empresas encontra-se em fase de arranque. Menos de dez fabricantes dos Estados Unidos representam cerca de metade do mercado mundial das pequenas turbinas eólicas. Depois dos Estados Unidos, o Reino Unido e o Canadá são os maiores mercados de pequenas eólicas. No final de 2010, a capacidade total instalada de pequenas turbinas eólicas atingiu 440 MW a partir de 656 000 turbinas [18].

Quase todas as pequenas turbinas eólicas actuais utilizam geradores de ímanes permanentes, transmissão direta, controlo passivo da guinada e duas a três pás. Algumas turbinas utilizam 4-5 pás para reduzir a velocidade de rotação e aumentar o binário disponível. A localização é uma questão crítica para as pequenas turbinas eólicas, uma vez que a recolha de medições precisas do vento não é económica devido ao custo e ao tempo necessários em relação ao investimento. Por conseguinte, a localização deve basear-se na experiência e no parecer de peritos, deixando uma margem de erro significativa. Como resultado, muitos sistemas têm um desempenho fraco e podem mesmo sofrer um desgaste acelerado devido a uma má localização. A altura da torre é outro fator-chave para as pequenas turbinas eólicas. As torres baixas têm factores de capacidade baixos e expõem frequentemente as turbinas a turbulência excessiva. As torres altas ajudam a evitar estes problemas, mas aumentam significativamente o custo em comparação com o custo da turbina. Uma consideração importante para as pequenas turbinas eólicas é a sua robustez e requisitos de manutenção. A fiabilidade tem de ser elevada, uma vez que os elevados custos de operação e manutenção podem tornar as pequenas turbinas eólicas economicamente inviáveis e, nos sistemas de eletrificação rural, pode não estar disponível pessoal de manutenção qualificado. Um desafio fundamental para as pequenas turbinas eólicas é o facto de estarem geralmente localizadas perto de povoações onde as velocidades do vento são frequentemente baixas e turbulentas devido às árvores, edifícios e outras infra-estruturas circundantes. A conceção de pequenas turbinas eólicas fiáveis para funcionarem nestas condições, em que os níveis de ruído devem ser muito baixos, constitui um desafio. Consequentemente, existe um interesse crescente nas tecnologias de eixo vertical, dado que:

a São menos afectadas pelo ar turbulento do que as turbinas eólicas normais de eixo horizontal.

" Têm custos de instalação mais baixos para a mesma altura que as turbinas eólicas de eixo horizontal.

" Exigem velocidades de vento mais baixas para produzir, o que aumenta a sua capacidade para servir zonas com velocidades de vento inferiores à média.

" Rodam a um terço ou um quarto da velocidade das turbinas de eixo horizontal, reduzindo os níveis de ruído e vibração, mas à custa de uma menor eficiência.

Estas vantagens significam que as pequenas turbinas eólicas de eixo vertical podem desempenhar um papel muito importante em esquemas de eletrificação rural em aplicações fora da rede e em mini-redes, bem como noutras aplicações de nicho. Em resultado deste potencial, várias empresas estão a fabricar ou planeiam fabricar turbinas eólicas de eixo vertical de pequena dimensão, montadas em edifícios.

1.2. O RECURSO GLOBAL DE ENERGIA EÓLICA

O potencial global do vento depende em grande medida do levantamento exato do recurso eólico. Estão a ser envidados esforços para melhorar a cartografia do recurso eólico global e serão necessários mais trabalhos para aperfeiçoar as estimativas do recurso eólico. Atualmente, há falta de dados, sobretudo no que respeita aos países em desenvolvimento e a alturas superiores a 80 m. O recurso eólico é muito vasto, havendo em muitas partes do mundo zonas com velocidades médias de vento elevadas em terra e no mar. Praticamente todas as regiões têm um forte recurso eólico, embora este não esteja normalmente distribuído de forma homogénea e nem sempre esteja localizado perto dos centros de procura. Estão em curso trabalhos, por parte dos sectores privado e público, para identificar o recurso eólico total de forma cada vez mais pormenorizada, a fim de ajudar os decisores políticos e os promotores de projectos a identificar oportunidades promissoras que possam depois ser exploradas mais pormenorizadamente com medições no local. O potencial total do recurso eólico depende de uma série de pressupostos críticos, para além da velocidade média do vento, incluindo: dimensão da turbina, diâmetro do rotor, densidade de colocação da turbina, porção de terreno "livre" para parques eólicos, etc. Isto antes de se considerar se o recurso eólico está localizado próximo de centros de procura, estrangulamentos na transmissão, economia de projectos em diferentes áreas, etc. Apesar destas incertezas, é evidente que o recurso eólico terrestre é enorme e poderia satisfazer muitas vezes a procura global de eletricidade e que a combinação do potencial terrestre e do potencial próximo da costa resulta em estimativas que podem atingir 39 000 TWh de potencial técnico sustentável [19].

CAPÍTULO 3

RESULTADOS DO CENÁRIO REGIONAL

3.1. África

Reconhecendo a importância da energia para o desenvolvimento sustentável, a Assembleia Geral das Nações Unidas designou 2012 como o Ano Internacional da Energia Sustentável para Todos. Atualmente, 1,4 mil milhões de pessoas ainda não têm acesso a energia moderna, enquanto 3 mil milhões dependem da "biomassa tradicional" e do carvão como principais fontes de combustível. Mais de 95% das pessoas sem acesso a serviços energéticos modernos vivem na África Subsariana ou na Ásia em desenvolvimento [20]. Este problema é especialmente grave nas zonas periurbanas e rurais da África Subsariana. Em muitos países africanos, a eletricidade disponível é provavelmente produzida por geradores a gasóleo ou outras instalações de pequena escala, que utilizam frequentemente combustível importado dispendioso. São mais os pequenos geradores que mantêm em funcionamento as empresas, os hospitais e os agregados familiares (Figura 2).

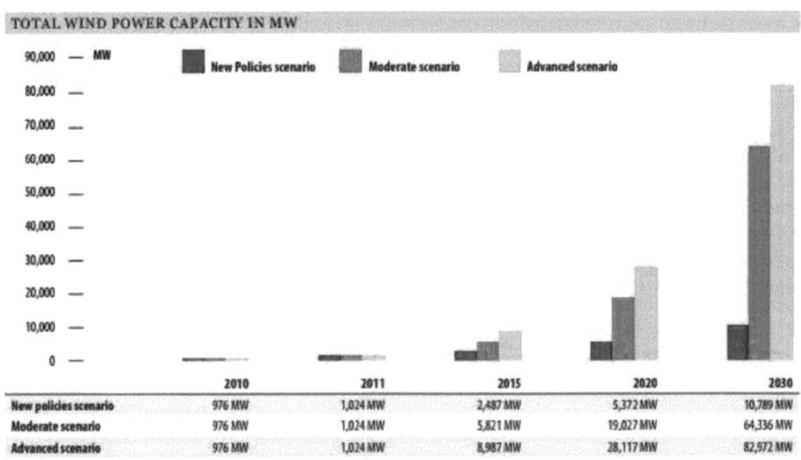

	2010	2011	2015	2020	2030
New policies scenario	976 MW	1,024 MW	2,487 MW	5,372 MW	10,789 MW
Moderate scenario	976 MW	1,024 MW	5,821 MW	19,027 MW	64,336 MW
Advanced scenario	976 MW	1,024 MW	8,987 MW	28,117 MW	82,972 MW

Figura 2. Capacidade total de energia eólica em África

O elevado custo da dependência de combustíveis importados tem um grande impacto nas economias de alguns países africanos, e muitos deles gastam uma parte considerável das suas escassas reservas de divisas na importação de energia. As redes locais, nacionais ou regionais - quando existem - são desafiadas pela procura crescente de equipamento de consumo, como frigoríficos, iluminação, telemóveis, televisores e computadores, e as interrupções são frequentes. Em muitos países, parece que o fornecimento estável de energia eléctrica não é uma prioridade do governo.

A produção de energia em grande escala em grande parte de África deverá significar grandes centrais hidroeléctricas (como no Egito) ou a produção a carvão que caracteriza o sistema energético da África do Sul. A produção de energia em grande escala em grande parte de África significará provavelmente grandes centrais hidroeléctricas (como as existentes no Egito) ou a produção a carvão que caracteriza o sistema de energia da África do Sul. Dada a vasta massa terrestre de África e a densidade populacional relativamente baixa, parece provável que uma ampla combinação de tecnologias descentralizadas tenha a flexibilidade necessária para satisfazer as necessidades de muitos dos países do continente. A energia eólica, devido à sua escalabilidade, pode e está a começar a desempenhar um papel fundamental nos sistemas descentralizados e centralizados. O recurso eólico de África é melhor nas costas e nas terras altas do leste, mas é no Norte de África que a energia eólica tem sido desenvolvida à escala. É também aqui que as actuais políticas nacionais estão preparadas para fazer crescer ainda mais o sector. No final de 2011, mais de 98% do total das instalações eólicas do continente, com pouco mais de 993 MW, encontravam-se em quatro países: Egito (550 MW), Marrocos (291 MW), Tunísia (114 MW) e Cabo Verde (24 MW)

1.3. Egito

Em fevereiro de 2008, o Conselho Supremo de Energia do Egito aprovou um plano para produzir 20% da sua energia eléctrica a partir de fontes renováveis até 2020. Este objetivo inclui uma contribuição de 12% da energia eólica, o que se traduz em mais de 7 GW de energia eólica ligada à rede. A região eólica mais desenvolvida do Egito até à data é o distrito de Zafarana, com velocidades médias do vento na zona de 9 m/s. O projeto consiste numa série de parques eólicos interligados, o primeiro dos quais começou a ser construído em 2001. Em 2010, a capacidade total do parque eólico de Zafarana atingiu 550 MW. É detido e explorado pela Autoridade Egípcia para as Energias Novas e Renováveis.

1.4. Marrocos

O Governo marroquino, no âmbito do Plano Eólico Marroquino integrado, estabeleceu o objetivo de instalar 2 000 MW de energia eólica até 2020 [21], um aumento drástico em relação aos 291 MW existentes no final de 2011. Marrocos dispõe de excelentes recursos eólicos ao longo de quase toda a sua costa, bem como no interior, perto das montanhas do Atlas. Em 2012, o Governo marroquino convidou as partes interessadas a apresentarem propostas para um projeto de 850 MW. O projeto consiste em cinco parques eólicos que serão estruturados ao abrigo de um regime de "construção, exploração e transferência" através de um modelo de parceria público-privada. É provável que o concurso final seja lançado no quarto trimestre de 2012.

1.5. África do Sul

A África do Sul é ideal para o desenvolvimento da energia eólica, dados os seus abundantes recursos eólicos, a grande quantidade de locais adequados e a moderna infraestrutura eléctrica de alta tensão. No entanto, o seu mercado da eletricidade continua a enfrentar numerosos desafios. O atual sistema de eletricidade, que se baseia principalmente no carvão, sofre de baixas margens de reserva. A atual infraestrutura de produção de energia mal consegue satisfazer a procura e a empresa pública Eskom estima que a África do Sul precisa de construir 40 GW de nova capacidade de produção até 2025, dos quais cerca de 12,5 GW já estão em construção. A Associação Sul-Africana de Energia Eólica (SAWEA) estima que, com o enquadramento político correto, a energia eólica poderia fornecer até 20% da procura de energia do país até 2025, o que se traduziria em 30 000 MW de capacidade eólica instalada. No final de 2011, apenas 8,4 MW de capacidade estavam em funcionamento. Em dezembro de 2011, a África do Sul anunciou os proponentes preferidos para a primeira ronda do programa "ReBid". A energia eólica obteve 630 MW na primeira ronda, de um total de 1 450 MW de energias renováveis. Os vencedores da segunda ronda foram anunciados em maio de 2012, com mais 562 MW atribuídos à energia eólica, estando prevista uma terceira ronda no primeiro semestre de 2013. Esta iniciativa insere-se no âmbito do plano sul-africano de construir mais de 9 000 MW de energia eólica até

2030.

Dado o vasto potencial de desenvolvimento da energia eólica em África, especialmente no Norte, ao longo de ambas as costas e na África do Sul, os cenários GWEO diferem substancialmente dos apresentados pela AIE. No cenário de Novas Políticas da AIE (NPS), a capacidade de energia eólica atingirá 5,3 GW em 2020 e aumentará para 10,7 GW em 2030 em todo o continente africano, produzindo 13 TWh em 2020 e perto de 28 TWh em 2030. Isto criaria entre 9.000 e 15.000 postos de trabalho. Os cenários GWEO são, no entanto, consideravelmente mais optimistas. No cenário

Moderado, a energia eólica forneceria quase quatro vezes mais energia em 2020 do que as previsões do NPS da AIE, com uma capacidade instalada de 19 GW que geraria 47 TWh por ano. Esta capacidade aumentaria em 4.000 - 6.000 MW por ano até 2030, altura em que seriam instalados pouco menos de 68 GW, produzindo mais de 178 TWh de eletricidade limpa para África.

Isto ajudaria não só a eletrificação e a independência energética do continente, mas também as suas economias; seriam investidos mais de 3,58 mil milhões de euros em energia eólica todos os anos até 2020, o que aumentaria para 6,24 mil milhões de euros anuais até 2030; e seriam criados entre 44 000 e 101 000 novos postos de trabalho. O cenário avançado pressupõe que serão envidados ainda mais esforços para explorar os recursos eólicos de África. Mostra como, em 2020, cerca de 28 GW de capacidade de energia eólica poderiam produzir 69 TWh de eletricidade, aumentando para quase 83 GW, produzindo 225 TWh de eletricidade até 2030. A energia eólica poderia então desempenhar um papel fundamental no desenvolvimento de um futuro energético sustentável, conduzindo a uma poupança de mais de 41 milhões de toneladas de CO2 por ano até 2020 e de mais de 135 milhões de toneladas até 2030, limpando o ar e aumentando a segurança energética ao mesmo tempo.

3.5. África Oriental

Recentemente, registaram-se desenvolvimentos na África Oriental - com um projeto de 50 MW concluído na Etiópia e um projeto de 300 MW em desenvolvimento no Quénia. Espera-se que estes primeiros projectos contribuam substancialmente para a capacidade total de produção em cada um destes países. Se forem bem sucedidos, serão o prenúncio de uma aceitação muito mais alargada da energia eólica no continente nos próximos anos.

3.6 Os cenários Gweo para África

Dado o vasto potencial de desenvolvimento da energia eólica em África, especialmente no Norte, ao longo de ambas as costas e na África do Sul, os cenários GWEO diferem substancialmente dos apresentados pela AIE. No cenário de Novas Políticas da AIE (NPS), a capacidade de energia eólica atingirá 5,3 GW em 2020 e aumentará para 10,7 GW em 2030 em todo o continente africano, produzindo 13 TWh em 2020 e perto de 28 TWh em 2030. Isto criaria entre 9.000 e 15.000 postos de trabalho. Os cenários GWEO são, no entanto, consideravelmente mais optimistas. No cenário Moderado, a energia eólica forneceria quase quatro vezes mais energia até 2020 do que as previsões do NPS da AIE, com uma capacidade instalada de 19 GW que geraria 47 TWh por ano.

Este número aumentaria em 4 000 - 6 000 MW por ano até 2030, altura em que seriam instalados pouco menos de 68 GW, produzindo mais de 178 TWh de eletricidade limpa para África. Isto contribuiria não só para a eletrificação e independência energética do continente, mas também para as suas economias; seriam investidos mais de 3,58 mil milhões de euros em energia eólica todos os anos até 2020, valor que aumentaria para 6,24 mil milhões de euros anuais até 2030; e seriam criados entre 44 000 e 101 000 novos postos de trabalho. O cenário avançado pressupõe que serão envidados ainda mais esforços para explorar os recursos eólicos de África. Mostra como, até 2020, cerca de 28 GW de capacidade eólica poderiam produzir 69 TWh de eletricidade, aumentando para quase 83 GW que produziriam 225 TWh de eletricidade.

eletricidade até 2030. A energia eólica poderia então desempenhar um papel fundamental no desenvolvimento de um futuro energético sustentável, conduzindo a uma poupança de mais de 41 milhões de toneladas de CO2 por ano até 2020 e de mais de 135 milhões de toneladas até 2030, limpando o ar e aumentando a segurança energética ao mesmo tempo.

Também do ponto de vista económico, este desenvolvimento poderá ter um impacto substancial nos países africanos ricos em energia eólica. Com investimentos anuais da ordem dos 5 mil milhões de euros em 2020 e perto de 7 mil milhões de euros em 2030, a energia eólica poderia tornar-se uma indústria considerável em África. O desenvolvimento de instalações de fabrico locais proporcionaria milhares de empregos de alta qualidade a pessoas de todo o continente e os custos evitados do combustível importado teriam um efeito muito positivo nas divisas destes países.

3.7. China

Em 2011, a nova capacidade anual instalada de energia eólica na China (excluindo Hong Kong, Macau e Taiwan) foi de uns surpreendentes 17,63 GW. Em 2011, a energia eólica produziu 71,5 mil milhões de kWh, representando 1,5% da produção nacional de eletricidade. No final de 2011, a capacidade instalada acumulada a nível nacional era superior a 62 GW, com a China a manter a sua liderança a nível mundial em termos de capacidade instalada de energia eólica (Figura 3).

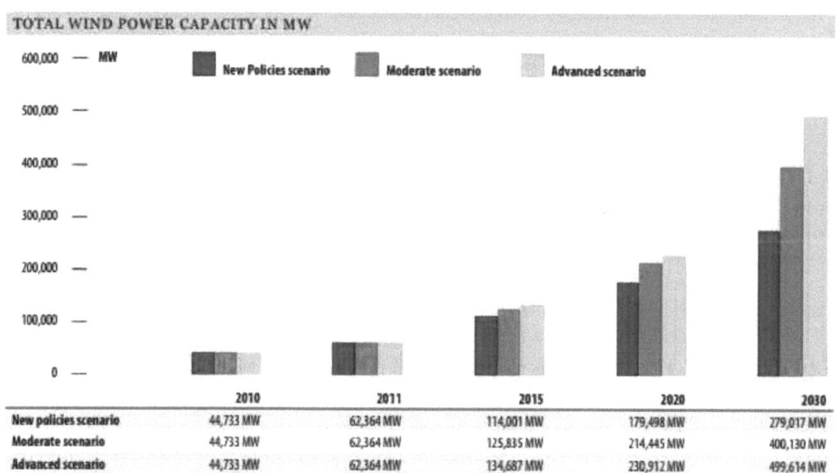

	2010	2011	2015	2020	2030
New policies scenario	44,733 MW	62,364 MW	114,001 MW	179,498 MW	279,017 MW
Moderate scenario	44,733 MW	62,364 MW	125,835 MW	214,445 MW	400,130 MW
Advanced scenario	44,733 MW	62,364 MW	134,687 MW	230,912 MW	499,614 MW

Figura 3. Capacidade total de energia eólica na China

No final de 2011, trinta províncias, cidades e regiões autónomas chinesas (excluindo Hong Kong, Macau e Taiwan) tinham os seus próprios parques eólicos. A Região Autónoma da Mongólia Interior continua a liderar a história do desenvolvimento da energia eólica na China, com uma capacidade instalada acumulada de mais de 17,5 GW, seguida de Hebei, Gansu e Liaoning, cada uma com uma capacidade instalada acumulada de mais de 5 GW. No total, mais de 10 províncias tinham uma capacidade instalada acumulada de energia eólica superior a 1 GW, incluindo 9 províncias com uma capacidade superior a 2 GW cada. O espantoso crescimento do sector eólico chinês desde 2006 conseguiu surpreender até mesmo muitos optimistas da indústria. Os analistas da indústria acreditam que o mercado chinês da energia eólica está agora a começar a entrar numa fase de desenvolvimento e aperfeiçoamento mais estável. O crescimento fenomenal do mercado chinês de energia eólica ultrapassou a capacidade da rede eléctrica

e os operadores de sistemas para a gerir. O corte da produção de eletricidade tornou-se um novo desafio para os projectos de energia eólica. Em 2011, perderam-se mais de 10 mil milhões de kWh de energia eólica porque a rede não tinha capacidade para a absorver [21].

No nosso Outlook anterior, publicado em 2010, as projecções para 2020 relativas à capacidade total instalada na China eram de 70 GW no cenário de referência, 200 GW no cenário de crescimento moderado e 250 GW no cenário de crescimento avançado. As projecções para a capacidade acumulada em 2010 eram de 32 GW (Referência), 39 GW (Moderado) e 41 GW (Avançado). No entanto, no final de 2010, a capacidade total instalada da China já tinha atingido 44,7 GW e 62,3 GW no final de 2011. Se em 2012 se registar o mesmo nível de novas construções que em 2011, a China terá perto de 80 GW de energia eólica instalada até ao final deste ano.

Tendo em conta estes desenvolvimentos, os cenários apresentados no presente relatório foram radicalmente actualizados, enquanto o cenário "Novas políticas" da AIE continua a ser bastante pessimista. No cenário "Novas políticas", o mercado chinês da energia eólica registará uma diminuição considerável da taxa de instalações anuais, conduzindo a uma capacidade total instalada de 179 GW até 2020, o que é significativamente inferior ao objetivo conservador não oficial chinês de mais de 200 GW até 2020. Esta queda no mercado teria um efeito dramático no investimento e no emprego na China, com os valores de investimento a cair dos actuais 22,6 mil milhões de euros por ano para 15,9 mil milhões de euros até 2015 e o emprego a cair de um número estimado de 263 000 a 301 000 postos de trabalho para apenas 210 000 neste período.

Dado o empenho do Governo chinês em desenvolver os seus recursos eólicos, o cenário moderado do GWEO prevê uma continuação mais realista do crescimento da energia eólica na China, com as instalações anuais a aumentarem dos actuais 17,6 GW para 18,5 GW até 2020. Em 2015, a capacidade total instalada aumentaria para 125 GW, crescendo para 214 GW em 2020 e 400 GW em 2030. Consequentemente, seriam investidos 23 mil milhões de euros por ano no desenvolvimento do sector eólico chinês até 2020. O emprego no sector aumentaria dos 260 000 postos de trabalho atualmente estimados para atingir perto de 312 000 em 2020 e 355 000 em 2030 [22].

3.8. Europa de Leste / Eurásia

Esta região da AIE estende-se desde os novos membros da União Europeia, como os Estados Bálticos, Malta e Chipre, passando pela Bósnia-Herzegovina, Croácia, Sérvia, Eslovénia, Roménia e Bulgária, até à Rússia e Ucrânia e, finalmente, para sudeste, até aos países da Ásia Central da antiga União Soviética (Figura 4).

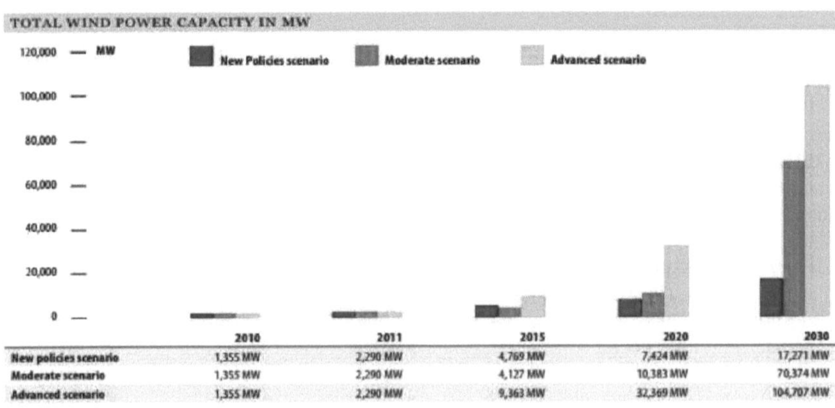

	2010	2011	2015	2020	2030
New policies scenario	1,355 MW	2,290 MW	4,769 MW	7,424 MW	17,271 MW
Moderate scenario	1,355 MW	2,290 MW	4,127 MW	10,383 MW	70,374 MW
Advanced scenario	1,355 MW	2,290 MW	9,363 MW	32,369 MW	104,707 MW

Figura 4. Capacidade total de energia eólica na Europa de Leste

O grupo abrange economias e sistemas eléctricos profundamente diversos. Alguns países, como o Turquemenistão ou o Azerbaijão, dispõem de enormes reservas de petróleo e gás; outros, como o Tajiquistão e a Albânia, satisfazem as suas necessidades energéticas quase exclusivamente através da energia hidroelétrica, enquanto alguns países têm de importar eletricidade ou combustível, ou ambos. No entanto, a economia energética da região é dominada pela Rússia, que é também o quarto maior produtor mundial de eletricidade, atrás dos EUA, da China e do Japão [23]. Todas estas zonas foram, em certa medida, avaliadas quanto ao seu potencial de energias renováveis e grande parte desta vasta massa terrestre da Europa Oriental/Eurásia possui excelentes recursos eólicos [24]. Até à data, os principais desenvolvimentos no domínio da energia eólica têm-se verificado nas regiões orientais.

Os Estados europeus e bálticos que se tornaram membros da União Europeia em 20047 . Estes novos Estados-Membros foram obrigados a aplicar a diretiva comunitária de 2001 relativa às energias renováveis e o seu tratado de adesão estabeleceu metas indicativas nacionais para a produção de energia renovável em cada Estado. Naturalmente, estão agora também vinculados à nova legislação da UE que prevê que 20% do consumo de energia do bloco seja proveniente de fontes renováveis, o que inclui um objetivo vinculativo para cada país. Em 2011, havia uma capacidade eólica significativa instalada na Roménia (982 MW), na Bulgária (607 MW), em Chipre (133,5 MW), na Ucrânia (151,1 MW) e nos Estados Bálticos, como a Lituânia (179 MW) e a Estónia (159,9 MW). Outro fator que impulsionou a introdução do desenvolvimento da energia eólica na região da Europa Oriental/Eurásia foi o mecanismo de implementação conjunta que faz parte do Protocolo de Quioto. Ao abrigo deste mecanismo, qualquer país do Anexo 1 (industrializado) pode investir em projectos de redução de emissões em qualquer outro país do Anexo 1 como alternativa à redução das suas próprias emissões. Este mecanismo destinava-se às chamadas "economias de transição", mas como muitas delas já se tornaram membros da UE, o principal foco da IC é agora a Rússia e a Ucrânia. Em agosto de 2010, havia 30 projectos de energia eólica na reserva da IC, totalizando uma capacidade instalada de 1 280 MW. O maior destes projectos, com 300 MW, está localizado na Ucrânia.

A Roménia, que, de acordo com a diretiva da UE, deve satisfazer 24% da sua procura de energia através de energias renováveis em 2020, tinha instalado 921 MW de energia eólica no final de 2011, contra 14 MW em 2009. Os 921 MW de parques eólicos em funcionamento na Roménia estão localizados principalmente (97%) em Dobrogea, na costa do Mar Negro, que apresenta velocidades médias de vento de 7 m/s a 100 m de altitude. A lei das energias renováveis, adoptada em novembro de 2008, constituiu um importante passo em frente para o desenvolvimento da energia eólica na Roménia, introduzindo um regime de certificados verdes (GC) para a eletricidade renovável por um período de 15 anos, bem como garantias de empréstimo e isenções fiscais para investimentos em energias renováveis.

A situação na Bulgária foi considerada promissora até 2011. Com uma meta de 16% de energias renováveis ao abrigo da Diretiva da UE, o país introduziu políticas favoráveis para promover o desenvolvimento das energias renováveis e as instalações de energia eólica têm vindo a aumentar consideravelmente nos últimos anos, com um total de 607 MW em funcionamento no final de 2011. A Bulgária adoptou a Lei da Energia de Fontes Renováveis em maio de 2011, que substituiu a anterior Lei das Fontes de Energia Renováveis e Alternativas e dos Biocombustíveis. Apesar de ter sido muito aguardada, com a expetativa de uma regulamentação clara que revigorasse o mercado, a nova lei dificulta, na realidade, o desenvolvimento do sector das energias renováveis. Com uma alteração introduzida em 2012, o prazo do FIT foi reduzido para 12 anos. Além disso, a tarifa só é fixada para todo o período (12 anos) após a conclusão da construção do projeto; e, em setembro de 2012, o regulador búlgaro da energia SWERC decidiu reduzir em 10% as tarifas de todos os projectos de energia eólica existentes [25].

Os Estados Bálticos também começaram a desenvolver a energia eólica, com 159,9 MW de capacidade instalada na Estónia, 179 MW na Lituânia e 31,3 MW na Letónia no final de 2011. Ao abrigo da nova diretiva da UE, estes países têm objectivos vinculativos de satisfazer 25%, 23% e 40%, respetivamente, das suas necessidades energéticas através de fontes renováveis, e todos eles dispõem de recursos eólicos significativos, especialmente ao longo da costa, o que pode contribuir muito para a consecução dos seus objectivos. A Rússia é um dos principais produtores e consumidores de energia eléctrica do mundo, com mais de 220 milhões de quilowatts de capacidade de produção instalada9 . No entanto, as energias renováveis ainda não estão na primeira linha da agenda política da Rússia. A Rússia produz 67% da sua eletricidade a partir da produção de energia térmica, 17% a partir de grandes centrais hidroeléctricas e 16% a partir da energia nuclear [26].

As enormes reservas de gás, carvão e petróleo da Rússia conduzem a um baixo custo da energia, o que constitui um desafio para o desenvolvimento de fontes de energia renováveis. No entanto, a Rússia tem um potencial significativo para o desenvolvimento das energias renováveis, nomeadamente devido à sua dimensão e geografia. De acordo com o BERD, a Rússia tem um enorme potencial para o desenvolvimento da energia eólica, estando as regiões mais ventosas concentradas ao longo da costa, nas estepes e nas montanhas, principalmente no Norte e no Oeste do país. Até à data, o desenvolvimento do sector eólico tem sido lento, com apenas um pouco mais de 9 MW de energia eólica instalada.

Em janeiro de 2009, o governo estabeleceu o objetivo de as energias renováveis fornecerem 4,5% da procura de energia até 2020. Num sistema tão grande como o da Rússia, isto significava um acréscimo de 25 GW de nova produção baseada em energias renováveis. Havia objectivos intermédios de 1,5% até 2010, 2,5% até 2015 - atualmente, as energias renováveis representam menos de 1% da capacidade total instalada. Para além disso, quase três anos após o anúncio do objetivo de 4,5%, ainda não existe um quadro regulamentar funcional a nível nacional que torne as energias renováveis comercialmente viáveis [27].

A Ucrânia também tem uma vasta massa terrestre, possui bons recursos eólicos e uma economia em rápido desenvolvimento. De acordo com as estimativas do BERD, mais de 40% do território do país seria adequado para a produção de energia eólica. A médio prazo, poderiam ser desenvolvidos cerca de 5 000 MW de energia eólica e 20-30% da procura total de eletricidade do país poderia ser satisfeita pela energia eólica. Em 1996, o governo ucraniano anunciou o objetivo de instalar 200 MW até 2010, mas até ao final de 2011 tinha atingido apenas 151,1 MW.

Mais a leste, vários países, incluindo o Cazaquistão, o Turquemenistão, o Azerbaijão e o

O Uzbequistão tem zonas com excelentes recursos eólicos, mas as grandes reservas de petróleo e gás têm sido, até à data, um desincentivo ao desenvolvimento das energias renováveis. O Cazaquistão tem um enorme potencial eólico, mas ainda não aperfeiçoou a regulamentação relativa ao desenvolvimento das energias renováveis. Os países com menos recursos de combustíveis fósseis, como o Quirguizistão e o Tajiquistão, poderão ser mais promissores para o desenvolvimento da energia eólica a curto e médio prazo, mas até à data não se registou qualquer desenvolvimento.

Para além dos novos Estados-Membros da UE nesta região, que estão a envidar esforços consideráveis para recuperar o atraso em termos de implantação de energias renováveis, não se registou qualquer desenvolvimento significativo na Europa Oriental/Eurásia. A projeção da capacidade instalada de energia eólica num futuro próximo e a médio prazo é particularmente difícil nesta região, uma vez que dependerá em grande medida das decisões políticas de alguns países-chave, especialmente da Rússia e da Ucrânia. Se estes governos decidirem explorar o enorme recurso que têm à sua porta e oferecerem os incentivos necessários para atrair investidores, a produção de energia eólica poderá desempenhar um papel fundamental para alimentar estas economias em crescimento. No entanto, sem esta vontade política, os mercados eólicos não começarão a atingir o seu potencial.

De acordo com o cenário "Novas Políticas" da AIE, é exatamente isso que irá acontecer. Neste cenário, os mercados anuais em toda a região (incluindo os novos Estados-Membros da UE) diminuem de 791 MW em 2011 para 548 MW em 2015, subindo depois ligeiramente para 573 MW em 2020. Isto resultaria numa capacidade instalada total de cerca de 7,4 GW em 2020 e 17 GW em 2030, contra menos de 2,2 GW em 2011.

Este desenvolvimento não teria um grande impacto na produção de energia, no crescimento económico ou na redução das emissões nestes países. Em 2020, a energia eólica produziria 45 TWh em toda a região - em comparação com um consumo de eletricidade estimado em 880 TWh só na Rússia nessa altura e 1 500 TWh em toda a região da Europa Oriental/Eurásia. O investimento em equipamento eólico ascenderia a cerca de 1,6 mil milhões de euros em 2020 e o emprego no sector eólico seria de cerca de 21 000 postos de trabalho nessa altura.

O cenário moderado é ligeiramente mais otimista, partindo do princípio de que tanto os Estados-Membros da UE como alguns outros países com objectivos de energias renováveis em vigor os cumprirão como previsto. Isto resultaria num aumento dos mercados anuais de quase treze vezes entre 2011 e 2030, atingindo mais de 9,3 GW em 2030. A capacidade instalada situar-se-ia então em 10 GW em 2020 e em 70 GW em 2030.

Os benefícios resultantes para a produção de eletricidade e a proteção do clima seriam mais significativos neste cenário. Em 2020, a energia eólica produziria cerca de 25 TWh de eletricidade limpa, poupando 15 milhões de toneladas de CO2, e este valor aumentaria para 185 TWh até 2030, poupando 111 milhões de toneladas de CO2 por ano. No entanto, se considerarmos que se prevê que a procura de eletricidade na região atinja 1 800 TWh até 2030, a quota global da energia eólica no sistema elétrico continuaria a ser bastante pequena em comparação com outras regiões neste cenário.

Em termos de investimento e emprego, os valores do cenário GWEO Moderado traduzir-se-iam em investimentos no valor de 2,9 mil milhões de euros em 2020, criando cerca de 30 000 postos de trabalho, e de 9 mil milhões de euros em 2030, com uma mão de obra de 135 000 pessoas no sector eólico.

Os números do cenário GWEO Advanced são ligeiramente superiores. Neste cenário, seriam instalados 32,3 GW de energia eólica até 2020, produzindo 79 TWh e poupando 48 milhões de toneladas de CO2. Mercados anuais de cerca de 5,4 GW em 2020 atrairiam 5,8 mil milhões de euros de investimento por ano, que aumentariam para perto de 8,9 GW em 2030, o que se traduziria em 9,2 mil milhões de euros de investimento no sector. Nessa altura, mais de 141 000 pessoas estariam a trabalhar no domínio da energia eólica.

3.9. Índia

A economia em rápido crescimento e a população em expansão da Índia tornam-na ávida de energia eléctrica. Apesar dos grandes aumentos de capacidade registados nas últimas décadas, o fornecimento de energia tem dificuldade em acompanhar a procura. A escassez de eletricidade é comum e uma parte significativa da população não tem qualquer acesso à eletricidade. Prevê-se que a procura de eletricidade na Índia mais do que triplique entre 2005 e 2030. A AIE prevê que, até 2020, serão necessários 327 GW de capacidade de produção de eletricidade, o que implicaria a adição de 16 GW por ano (Figura 5).

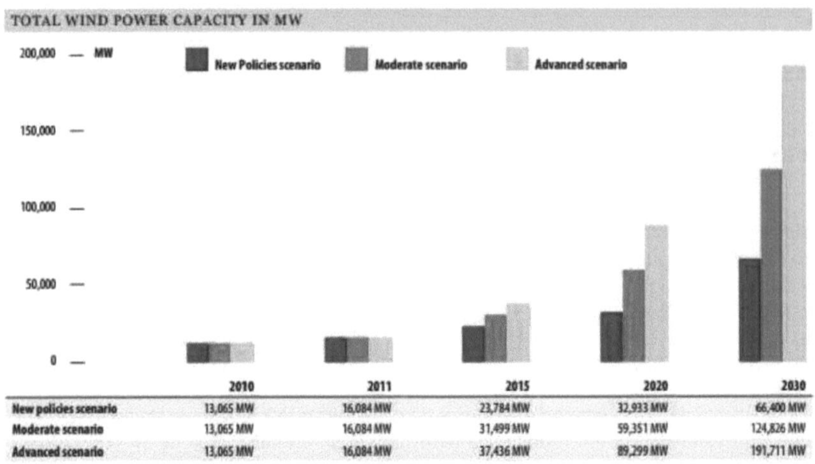

	2010	2011	2015	2020	2030
New policies scenario	13,065 MW	16,084 MW	23,784 MW	32,933 MW	66,400 MW
Moderate scenario	13,065 MW	16,084 MW	31,499 MW	59,351 MW	124,826 MW
Advanced scenario	13,065 MW	16,084 MW	37,436 MW	89,299 MW	191,711 MW

Figura 5. Capacidade total de energia eólica na Índia

A indústria eólica da Índia teve outro ano recorde em 2011, instalando mais de 3 GW de nova capacidade pela primeira vez, atingindo um total de 16 084 MW. Em janeiro de 2012, as energias renováveis representavam 12,1% da capacidade total instalada e cerca de 6% da produção de eletricidade, contra 2% em 1995. A energia eólica representa cerca de 70% desta capacidade instalada. A política económica da Índia baseia-se nos seus planos quinquenais e o seu ano fiscal decorre de abril a março. Em 2011, o Centro para a Tecnologia da Energia Eólica, gerido pelo Estado, reavaliou o potencial de energia eólica da Índia em 102 778 MW a 80 metros, em comparação com a estimativa anterior de cerca de 49 130 MW a 50 metros, com uma disponibilidade de terrenos de 2%.

De acordo com o cenário de novas políticas da AIE, o mercado indiano de energia eólica diminuiria consideravelmente, passando dos actuais acréscimos anuais de cerca de 3000 MW para apenas 1900 MW por ano até 2020. O resultado seria uma capacidade instalada total de 32 GW em 2020 e de 66 GW em 2030. A energia eólica produziria então cerca de 81 TWh por ano até 2020 e 174 TWh até 2030, e pouparia 48 milhões de toneladas de CO2 em 2020 e 105 milhões de toneladas em 2030. Os investimentos em energia eólica na Índia também baixariam dos actuais níveis de 3,7 mil milhões de euros por ano para apenas 2,4 mil milhões de euros até 2020. De acordo com o cenário moderado do GWEO, esperamos que, até ao final de 2012, sejam instalados na Índia entre 18,6 e 19 GW de capacidade de energia eólica. De acordo com o cenário moderado, a

a capacidade total instalada atingiria quase 31,4 GW em 2015, aumentando para 59 GW em 2020 e 124 GW em 2030. Até 2015, a indústria eólica registará investimentos de 5,3 mil milhões de euros por ano, 7,2 mil milhões de euros por ano até 2020 e 8,3 mil milhões de euros por ano até 2030. O emprego no sector aumentará dos 47 500 postos de trabalho atualmente estimados para mais de 98 000 até 2020 e mais de 126 000 postos de trabalho dez anos mais tarde.

No entanto, o cenário GWEO Advanced mostra que o desenvolvimento da energia eólica na Índia poderia ir muito mais longe: em 2020, a Índia poderia ter quase 89 GW de energia eólica em funcionamento, fornecendo 219 TWh de eletricidade por ano, empregando mais de 179 000 pessoas no sector e poupando quase 131 milhões de toneladas de emissões de CO2 por ano. Nessa altura, o investimento teria atingido um nível de 13 mil milhões de euros por ano. Com a necessidade premente de eletrificação e de maior produção de energia no país, a energia eólica vai representar uma parte cada vez mais significativa da capacidade baseada em energias renováveis. Até 2030, a energia eólica produzirá quase 504 TWh por ano e evitará a emissão de 304 milhões de toneladas de CO2 por ano.

3.10. América Latina

A América Latina possui alguns dos melhores recursos eólicos do mundo e a energia eólica está preparada para desempenhar um papel mais importante na satisfação da procura crescente de eletricidade na região. Com um amplo compromisso de proteção ambiental em toda a região, esta é considerada uma das melhores áreas para a implantação da energia eólica [28].

No final de 2009, mais de 1 072 MW de capacidade de energia eólica tinham sido instalados em toda a região. No final de 2011, este valor tinha mais do que duplicado para quase 2 330 MW de capacidade total instalada, sendo o Brasil responsável por mais de dois terços desta capacidade (Figura 6). Há sinais de que a energia eólica está finalmente a atingir uma massa crítica em vários mercados da América Latina, e a região começou a desenvolver uma indústria de energia eólica substancial para complementar os seus ricos recursos hídricos e de biomassa (e potencialmente solares). A médio e longo prazo, espera-se que a procura de diversidade da oferta faça crescer a produção eólica na América Latina.

No entanto, há que ter em conta que a América Latina, tal como as economias da Europa de Leste e da Eurásia, tem uma diversidade de regimes económicos e políticos dentro das suas fronteiras. Com efeito, os países que a constituem encontram-se em fases muito diferentes de desenvolvimento económico. Há uma série de economias emergentes na região cujo rendimento per capita é semelhante ou superior ao de alguns dos novos Estados-Membros da UE; no entanto, ao mesmo tempo, a região continua a ser afetada pela pobreza extrema e pelo desenvolvimento limitado em vários países e regiões subnacionais.

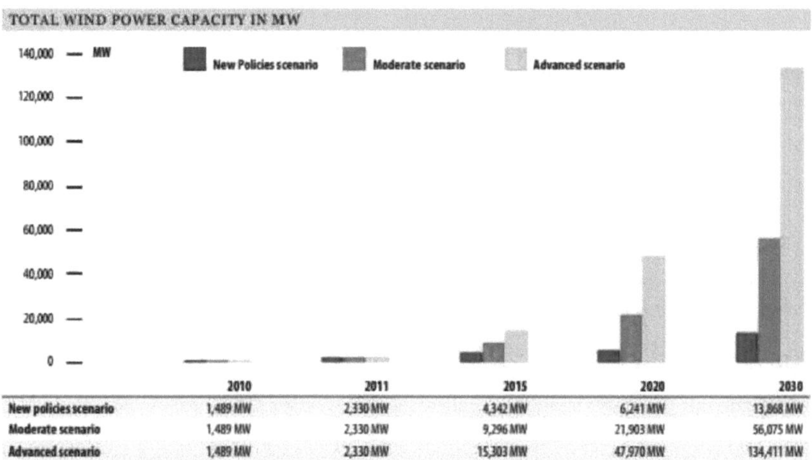

	2010	2011	2015	2020	2030
New policies scenario	1,489 MW	2,330 MW	4,342 MW	6,241 MW	13,868 MW
Moderate scenario	1,489 MW	2,330 MW	9,296 MW	21,903 MW	56,075 MW
Advanced scenario	1,489 MW	2,330 MW	15,303 MW	47,970 MW	134,411 MW

Figura 6. Capacidade total de energia eólica na América Latina

O GWEC prevê que as instalações de energia eólica na América Latina sejam consideravelmente mais fortes até 2020, com desenvolvimentos encorajadores em mercados como o Brasil, o Chile e o Uruguai. De acordo com o cenário de Novas Políticas da AIE (NPS), a energia eólica poderia fornecer à América Latina 36 TWh de eletricidade por ano, poupando 22 milhões de toneladas de emissões de CO2 até 2030; ou poderia, de acordo com o cenário Avançado, gerar quase dez vezes mais (353 TWh) e poupar 212 milhões de toneladas de emissões de CO2 por ano até lá. Esta diferença gritante sublinha o enorme impacto que um quadro político positivo pode ter neste continente rico em vento. De acordo com o cenário de Novas Políticas (NPS) da AIE, seriam instalados 13,8 GW de energia eólica em todo o continente até 2030. Isto significaria, de facto, que o mercado anual diminuiria dos 852 MW instalados em 2011 para apenas 349 MW em 2015. Só em 2027 voltaria a atingir a sua dimensão atual, segundo o NPS da AIE. O cenário moderado prevê um desenvolvimento muito mais rápido, com acréscimos anuais que atingiriam 3 GW já em 2020.

Isto elevaria a capacidade eólica total instalada para 21,9 GW em 2020 e 56 GW em 2030. O impacto na produção de eletricidade seria considerável, com 54 TWh de energia eólica gerada em 2020 e 147 TWh em 2030. O cenário avançado indica que se poderia conseguir ainda mais, dadas as extraordinárias condições de vento em muitos países da América Latina. Se for plenamente explorada, a energia eólica poderá registar um boom nesta região, com mais de 15 GW de energia eólica instalados em todo o continente em 2015. Este valor poderia então aumentar para 47,9 GW em 2020 e até 134 GW em 2030.

3.11. Brasil

O Brasil, a maior economia da América Latina, é também o líder em instalações de energia eólica. Historicamente, o Brasil tem dependido muito da produção de energia hidroelétrica, que até há pouco tempo fornecia 80% das necessidades de eletricidade do país. Como a energia eólica e a energia hidroelétrica funcionam bem em conjunto num sistema de energia, esta combinação constitui uma base ideal para o desenvolvimento da energia eólica em grande escala. O país tem um enorme potencial para a energia eólica, associado a uma procura crescente de eletricidade e a uma base industrial sólida.

Após um arranque bastante lento do desenvolvimento da energia eólica na primeira metade da última década, o mercado eólico brasileiro parece estar agora a arrancar. Em 2011, foram adicionados 582 MW, elevando a capacidade instalada acumulada para 1.509 MW. Isto representa um aumento de 63% na capacidade instalada e um aumento de 56% em termos de crescimento anual do mercado. O Brasil alcançou o marco de 2 GW em agosto de 2012 e tem mais de 7.000 MW em carteira para serem concluídos até 2016.

O Brasil é um dos mercados onshore mais promissores para a energia eólica, pelo menos nos próximos cinco anos. O quadro de apoio do país e a experiência do sector foram adaptados às condições locais. Este facto coloca o Brasil numa excelente posição para ser o líder regional na produção e desenvolvimento de energia eólica. No entanto, para alcançar um desenvolvimento sustentado, é necessário um novo quadro regulamentar, que proporcione segurança em termos de volumes de desenvolvimento a médio e longo prazo. As actuais projecções do governo prevêem a instalação de 16 000 MW de energia eólica no país até ao final de 2021.

3.12. Chile

Ao contrário de muitos dos seus vizinhos, o Chile dispõe de recursos energéticos fósseis autóctones limitados e depende fortemente das importações, cuja rutura conduziu a uma escassez periódica de energia na última década. O Chile é também vulnerável a longos períodos de seca durante os meses de verão. Como resultado, os preços da energia no Chile quase triplicaram nos últimos cinco anos. Felizmente, o Chile é abençoado com abundantes recursos de energia renovável, incluindo energia eólica, solar e geotérmica, mas até à data representam menos de 1% do cabaz energético.

O Chile dispõe de bons recursos eólicos desde os desertos do norte até ao extremo sul, incluindo a zona centro-sul, onde se concentra cerca de 80% da população do país e dois terços da sua indústria. O potencial de energia eólica do Chile está estimado em mais de 40 GW.

A carteira de energias renováveis do Chile cresceu consideravelmente em 2011 e mais de 5.000 MW de projectos de energias renováveis estão atualmente em desenvolvimento. Os projectos eólicos representam mais de 3.000 MW, incluindo tanto a capacidade instalada como os projectos em desenvolvimento. Embora o mercado esteja em movimento, ainda existem grandes obstáculos à construção e implementação destes projectos, e a capacidade instalada real para as energias renováveis é de apenas cerca de 600 MW. Em termos de capacidade instalada, a energia eólica representa cerca de um terço da capacidade total instalada de energias renováveis. Em 2011, entraram em funcionamento 33 MW de nova capacidade eólica, incluindo novos projectos e a expansão de projectos existentes. Globalmente, isto representa um crescimento de quase 20% em relação aos valores de 2010, elevando a capacidade eólica instalada acumulada para 202 MW.

3.13. Médio Oriente

Como região, o Médio Oriente possui abundantes reservas de petróleo e gás. A AIE define a região como: Bahrein, Irão, Iraque, Israel, Jordânia, Kuwait, Líbano, Omã, Qatar, Arábia Saudita, Síria, Emirados Árabes Unidos e Iémen. No entanto, as economias desta região, tal como as de outras, reflectem o facto de estas reservas estarem distribuídas de forma desigual, sendo os membros do Conselho de Cooperação do Golfo (EAU, Barém, Kuwait, Arábia Saudita, Omã e Qatar) geralmente os mais ricos. Enquanto estes países são grandes exportadores de petróleo, outros são importadores, muitas vezes a um custo muito elevado em relação ao seu PIB global (Figura 7).

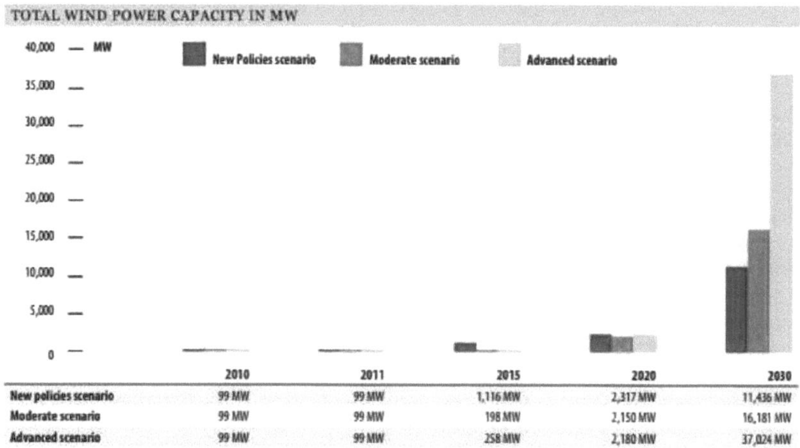

	2010	2011	2015	2020	2030
New policies scenario	99 MW	99 MW	1,116 MW	2,317 MW	11,436 MW
Moderate scenario	99 MW	99 MW	198 MW	2,150 MW	16,181 MW
Advanced scenario	99 MW	99 MW	258 MW	2,180 MW	37,024 MW

Figura 7. Capacidade total de energia eólica no Médio Oriente

No que respeita à energia eólica, a região tinha 99 MW instalados no final de 2011. Embora menos distribuído do que o solar, o recurso eólico da região é excelente em alguns países como o Irão, Omã, Síria, Arábia Saudita e Jordânia. Nos últimos anos, vários governos do Médio Oriente estão a começar a desenvolver planos nacionais abrangentes para as energias renováveis.

O Irão é o único país da região com instalações de energia eólica em grande escala, com um total de 91 MW instalados no final de 2011. O país tem atualmente dois parques eólicos: o parque eólico de Manjil, na província de Giland, e o parque eólico de Binalook, na província de Khorasan Razavi, com uma capacidade instalada de 91 MW. Existem planos para aumentar a capacidade eólica até 400 MW nos próximos anos. Estudos demonstraram que, globalmente, o Irão tem um potencial de desenvolvimento de energia eólica de cerca de 15 GW [29]. O Irão oferece créditos fiscais e de investimento para apoiar o desenvolvimento das energias renováveis. Além disso, o Irão acolhe o único fabricante de turbinas eólicas da região, Saba Niroo.

O governo iraniano estabeleceu um novo objetivo de 1 500 MW de energia eólica até 2013, mas parece pouco provável que este objetivo possa ser atingido. Apesar do crescimento lento da energia eólica no Irão, existe capacidade infraestrutural para uma rápida implantação. Até à data, mais de 120 locais de recolha de dados estão a fornecer informações pormenorizadas à base de dados eólica iraniana. Está disponível um atlas eólico para três altitudes diferentes (40 m, 60 m e 80 m) e foram identificados 42 sítios adequados para o desenvolvimento da energia eólica, distribuídos por 26 regiões do país.

A Jordânia não dispõe de reservas significativas de petróleo ou de gás. A sua estratégia energética (2008-2020) tem como objetivo reduzir a sua dependência de produtos importados de 96% (em 2010), com as energias renováveis a satisfazerem 10% da procura de energia até 2020. De acordo com a estratégia energética, cerca de 1 200 MW serão provenientes da energia eólica [30].

Em abril de 2012, foi promulgada a Lei das Energias Renováveis e da Eficiência Energética, que permite a conclusão da regulamentação necessária em matéria de preços indicativos, interconexão e medição líquida. Os melhores recursos eólicos da Jordânia encontram-se em Aqaba e no Vale do Jordão. Além disso, o governo lançou o Fundo para as Energias Renováveis e a Eficiência Energética da Jordânia. O objetivo deste fundo é

O fundo destina-se a apoiar iniciativas de poupança de energia e de energias renováveis. O fundo será financiado pelo Governo jordano e por agências de doadores internacionais, como a Agência Francesa de Desenvolvimento e o Banco Mundial. Os investidores privados, tanto nacionais como internacionais, podem candidatar-se ao fundo.

A SFI está a promover a energia eólica na Jordânia através do seu "Wind Power Market Project", com investimentos de mais de 110 milhões de euros (~141,9 milhões de dólares [30]). O Ministério da Energia e dos Recursos Minerais está em conversações com investidores do sector privado para dois projectos eólicos, Al Kamsheh (40 MW) e Fujeij (90 MW), que deverão começar a ser construídos em 2013. O governo pretende expandir o projeto Fujeji para 250 MW após a construção da fase inicial de 90 MW [31].

Omã é um pequeno país com apenas 2,6 milhões de habitantes, com reservas consideráveis de gás natural e petróleo bruto e uma capacidade total de produção de eletricidade instalada de cerca de 3,5 GW. De acordo com um estudo publicado pela Autoridade de Regulação da Eletricidade em Omã15 , para satisfazer a crescente procura de eletricidade, prevê-se que a capacidade total instalada aumente para 5 GW até 2015, altura em que o sistema de energia no Norte e no Sul estará provavelmente interligado. Prevê-se que o potencial técnico futuro da energia eólica em Omã seja de, pelo menos, 750 MW. As exportações de gás natural e petróleo representam cerca de metade do PIB de Omã, e a preservação das suas reservas e a redução da intensidade de utilização de água do seu sistema energético são os principais incentivos para o governo considerar o desenvolvimento dos seus recursos de energias renováveis. É interessante notar que as velocidades do vento medidas foram mais elevadas nos meses de verão, quando a procura de eletricidade em Omã está no seu pico16 . Por último, está prestes a começar a construção do primeiro parque eólico comercial dos Emirados Árabes Unidos, um projeto de 30 MW na ilha de Sir Bani Yas; e os EAU estão atualmente a analisar o potencial da energia eólica offshore.

Tendo em conta o potencial significativo da energia eólica em alguns países do Médio Oriente, os cenários GWEO para a região são de longe mais optimistas do que o cenário de Novas Políticas da AIE, que prevê que a capacidade eólica total instalada na região aumente para cerca de 2,3 GW em 2020 e 11,4 GW em 2030.

No cenário Moderado, que tem em conta os objectivos governamentais actuais e previstos e um interesse crescente em colher os benefícios que a energia eólica pode trazer à região, a capacidade eólica instalada no Médio Oriente cresceria para pouco mais de 16 GW até 2030. No cenário avançado, este crescimento seria ainda maior, atingindo 37 GW em 2030.

A eletricidade gerada pela energia eólica nestes cenários permitiria a alguns dos países do Médio

Oriente melhorar a sua independência energética e ajudaria os países ricos em recursos de combustíveis fósseis a realizar poupanças consideráveis de combustível e a reduzir a sua pegada de carbono.

Até 2030, poderiam ser produzidos anualmente entre 73 TWh (cenário moderado) e 97 TWh (cenário avançado). Consequentemente, a redução das emissões de CO2 situar-se-ia entre 44 (cenário moderado) e 58 milhões (cenário avançado) de toneladas por ano até 2030.

3.14. Ásia não-OCDE

Esta região da AIE agrupa todos os países asiáticos, com exceção da China, Índia, Japão e Coreia do Sul, que são abordados noutras secções do presente relatório. Esta "região" mega diversificada vai desde o Afeganistão, passando pela Mongólia, até ao Sudeste Asiático e às ilhas do Pacífico (ver p. 22-23 para uma lista completa de países) (Figura 8).

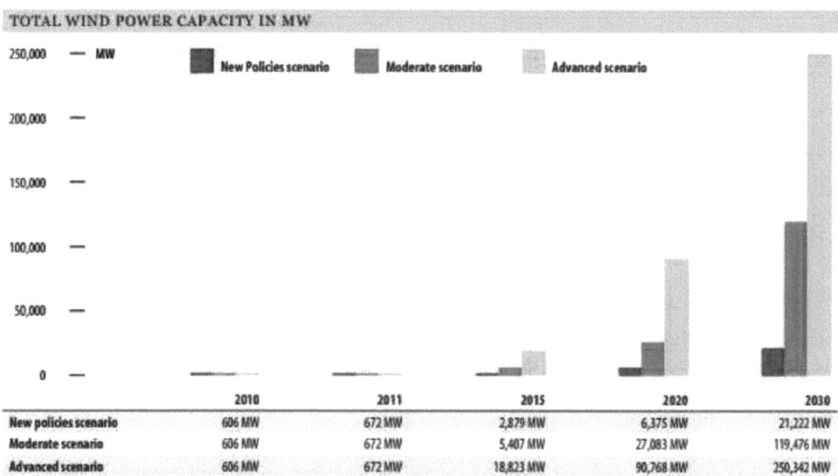

	2010	2011	2015	2020	2030
New policies scenario	606 MW	672 MW	2,879 MW	6,375 MW	21,222 MW
Moderate scenario	606 MW	672 MW	5,407 MW	27,083 MW	119,476 MW
Advanced scenario	606 MW	672 MW	18,823 MW	90,768 MW	250,342 MW

Figura 8. Capacidade total de energia eólica na OCDE Ásia

Atualmente, o desenvolvimento da energia eólica é limitado em muitos destes países. No entanto, isso não significa que não exista potencial ou que não existam planos. O potencial de desenvolvimento em países como a Tailândia, as Filipinas, o Vietname ou o Laos pode ser uma surpresa, pois é frequente pensar-se que não existe um recurso eólico viável nos trópicos - onde muitos destes países estão localizados. Mas há uma série de países nesta lista que têm enormes recursos eólicos, tal como a Mongólia, o Paquistão e o Sri Lanka.

Para além do potencial puro do recurso eólico, há outros factores envolvidos na projeção de quando (ou mesmo se) a energia eólica é suscetível de ser desenvolvida e em que medida: factores demográficos, dependência das importações de combustíveis, crescimento económico e consequente aumento da procura de eletricidade, estado do sistema de transmissão e distribuição, etc.

Um potencial facilitador aberto a muitos destes países foi o Mecanismo de Desenvolvimento Limpo do Protocolo de Quioto (MDL). No entanto, ao contrário dos seus vizinhos asiáticos, em particular a China e a Índia, apenas alguns projectos de energia eólica entraram na linha de produção do MDL nesta região - dois nas Filipinas e um na Mongólia, no Vietname e no Sri Lanka.

Em toda a região aqui abrangida, há pelo menos uma dúzia de mercados vibrantes e em rápido crescimento nos quais a energia eólica poderia desempenhar um papel significativo. Há também uma mudança notável na atitude dos decisores políticos e dos executivos dos serviços públicos em relação à energia eólica. Atualmente, o sucesso contínuo da tecnologia num grupo cada vez maior de países da Ásia-Pacífico mudou essa atitude para uma atitude de compreensão dramaticamente maior sobre a produção eólica e o papel que esta pode desempenhar no cabaz energético de um país.

Os mercados a seguir referidos dão uma ideia do potencial técnico e também da vasta gama de condições de base neste grupo diversificado. Em alguns casos, uma necessidade premente de capacidade de produção adicional de energia é acompanhada de um excelente recurso - é o caso de países como a Mongólia, o Vietname ou o Paquistão. Muitos dos países desta região têm objectivos estabelecidos - embora isso não signifique necessariamente que existam também incentivos para apoiar a realização desses objectivos.

Por exemplo, o Bangladesh pretende que 5% da sua eletricidade provenha de energias renováveis até 2015. A Mongólia planeia aumentar a sua quota de eletricidade renovável dos actuais 3% para 20-25% até 2020. O Sri Lanka quer passar dos actuais 5% para 10% até 2017 e 14,1% até 2022, Tonga tem como objetivo 50% até 2012 e a Indonésia quer construir 255 MW de capacidade eólica até 2025 (juntamente com outras tecnologias renováveis, como 6 GW de energia geotérmica).
Já se registou algum desenvolvimento de energia eólica nesta região, incluindo:

Nas Filipinas, 33 MW de energia eólica estavam a funcionar no final de 2011, mas o potencial técnico está estimado em cerca de 55 GW, mais de três vezes a capacidade total de produção instalada do país em 2010, de acordo com a Avaliação dos Recursos Solares e Eólicos (SWERA) do PNUA [32]. O Governo estabeleceu como objetivo que 40% da eletricidade seja produzida a partir de fontes renováveis até 2020, contra os actuais 33%. Tanto o Governo das Filipinas como o Banco Asiático de Desenvolvimento (BAD) criaram fundos para ajudar neste processo. Num passo muito positivo, a Comissão Reguladora da Energia (ERC) das Filipinas aprovou, em julho de 2012, as tarifas de alimentação iniciais (FIT) que se aplicarão à produção a partir de fontes de energia renováveis, em especial a energia hidroelétrica a fio de água, a biomassa, a energia eólica e a energia solar.

O potencial eólico (puramente técnico) do Vietname poderia suportar 642 GW de energia eólica, de acordo com os dados da SWERA. Além disso, o Vietname tem uma economia em rápido crescimento e uma procura crescente de energia eléctrica. O país tem vindo a expandir a sua capacidade de produção, nomeadamente através de novas grandes barragens hidroeléctricas, mas continua a precisar de importar eletricidade da China. O governo vietnamita pretende que as energias renováveis forneçam cerca de 5% da eletricidade do país até 2020. No final de 2011, o Vietname tinha 30 MW de capacidade de energia eólica em funcionamento na província de Binh Thuan, no centro do país. Prevê-se que o projeto venha a ter um total de 80 turbinas, com uma capacidade nominal de 120 MW [33]. O Plano Diretor de Energia do Vietname-7 estabeleceu objectivos de produção de energia eólica de 1 GW até 2020 e de 6,2 GW até 2030, com a obrigação de o Electricity of Vietnam Group (EVN) comprar toda a eletricidade produzida por centrais eólicas ligadas à rede a um preço de 1 614 VND/kWh (~$7,8/kWh), que inclui um subsídio de 207 VND/kWh (~$1,0 cêntimo/kWh) através do Fundo de Proteção Ambiental do Vietname. Existe um interesse considerável dos investidores no mercado eólico vietnamita [34]. Em junho de 2012, 37 projectos de energia eólica, com uma capacidade total de 4 296 MW, estavam em várias fases de desenvolvimento no Vietname.

A crescente riqueza da Tailândia levou a um aumento surpreendente do consumo de eletricidade per capita, que cresceu quase 25% nos últimos cinco anos. De acordo com os dados da SWERA, os recursos eólicos técnicos da Tailândia poderiam apoiar o desenvolvimento de 190 GW de energia eólica. O governo lançou o seu Plano de Desenvolvimento de Energias Alternativas para 10 anos (AEDP-Master Plan 2012-2021), que estabeleceu um objetivo de 25% de energias renováveis no consumo total de energia da Tailândia até 2021.

No final de 2011, a Tailândia tinha instalado 7,2 MW de energia eólica, embora esteja atualmente em construção um projeto de 207 MW, cuja entrada em funcionamento está prevista para o início de 2013. Em 2011, a Tailândia reviu o seu objetivo eólico de 800 MW para 1 200 MW até 2021. Em junho de 2012, o governo tinha recebido propostas que totalizavam mais de 1600 MW (para projectos com uma dimensão entre 10 e 90 MW).

O Governo de Taiwan tem promovido proactivamente a energia eólica, juntamente com outras tecnologias de energias renováveis, nos últimos dez anos. Em 2010, Taiwan estabeleceu o objetivo de ter 16% da capacidade de energia instalada proveniente de fontes de energia renováveis até 2025. Em 2011, Taiwan instalou 45 MW de nova energia eólica, elevando o seu total para 563,8 MW. Em 2011, foi formado um consórcio denominado Taiwan Offshore Wind Power Alliance para desenvolver o primeiro parque eólico do país em Changhua, composto por 18 empresas taiwanesas dos sectores da engenharia, fabrico e energia. Prevê-se que a primeira fase de 10MW esteja concluída em 2013 e mais 610MW em 2016.

No Paquistão, regista-se uma grave escassez de energia e um forte aumento da procura de energia. Até à data, a maior parte das necessidades energéticas do país é satisfeita por combustíveis fósseis. Atualmente, quase 65% da eletricidade do Paquistão é produzida com combustíveis fósseis, dos quais 80% são importados. O governo paquistanês pretende explorar os recursos endógenos e reduzir a dependência dos combustíveis importados. De acordo com o Conselho de Desenvolvimento de Energias Alternativas do Paquistão, a energia eólica oferece um potencial técnico de 350 GW; só o corredor eólico de Gharo-keti Bandar, em Sindh, representa quase 50 GW deste potencial. Em outubro de 2011, o Paquistão introduziu um regime de FIT que está planeado para estar disponível apenas em 2012. Está fixado em PKR 12,61/kWh (€0,105/kWh) para projectos financiados por estrangeiros e em PKR 17,28/kWh (€0,143/kWh) para projectos financiados localmente e está limitado a um total de 1 500MW.

Em 2012, assistiu-se ao encerramento financeiro do projeto de 56,4 MW que está a ser construído pela Zorlu Enerji (uma empresa turca) e, após a conclusão bem sucedida desta fase, a Zorlu Enerji está a ponderar novos investimentos num projeto eólico de 200 MW [35]. O Conselho de Desenvolvimento de Energias Alternativas do Paquistão anunciou também o encerramento financeiro de outro projeto eólico de 50 MW localizado em Jhampir, na região de Sindh. Este projeto é apoiado por um consórcio liderado pela Fauji Fertilizer Company.

Em toda a região, foram instalados 82,6 MW de nova capacidade em 2011 e o total situava-se em 672 MW no final do ano. No cenário de novas políticas, a velocidade de desenvolvimento da energia eólica não aumentará substancialmente na Ásia não pertencente à OCDE e o mercado anual nesta vasta região crescerá para 699 MW em 2015 e a capacidade total atingirá 6,3 GW em 2020. Posteriormente, o mercado anual aumentará gradualmente para 1,95 GW até 2030, o que resultaria numa capacidade total de 21 GW nessa data.

Tendo em conta os excelentes recursos eólicos existentes nalguns países asiáticos e as recentes iniciativas governamentais para ajudar a explorá-los, o cenário moderado descreve uma evolução mais positiva. Em 2015, seriam instalados na região mais de 2 538 MW de nova capacidade eólica por ano, que aumentaria gradualmente até atingir um mercado anual de mais de 13 600 MW por ano até 2030. O resultado seria uma capacidade instalada total de 27 GW em 2020 e de 119 GW em 2030.

A diferença em termos de potência produzida e de poupança de CO2 daí resultante seria considerável. Enquanto no cenário das Novas Políticas, a energia eólica produziria apenas 16 TWh até 2020 e pouparia 9 milhões de toneladas de CO2, o cenário Moderado atingiria uma produção de 66 TWh neste período, poupando assim as emissões de 40 milhões de toneladas de CO2 por ano. Este valor aumentaria para cerca de 314 TWh em 2030 e uma poupança de 188 milhões de toneladas de CO2. Também do ponto de vista económico, este desenvolvimento teria um impacto considerável. Até

2020, a energia eólica poderia atrair anualmente para a região investimentos no valor de cerca de 4,3 mil milhões de euros e criar cerca de 77 000 postos de trabalho.

O cenário avançado pressupõe que os actuais esforços para promover as energias renováveis são intensificados, reflectindo o objetivo dos governos de tirar o máximo partido dos recursos eólicos naturais e de colher os benefícios conexos. Isto atrairia investimentos anuais na ordem dos 9-10 mil milhões de euros e criaria 270 000 empregos até 2030.

É neste cenário que a energia eólica começaria a dar uma contribuição notável para o fornecimento de eletricidade da região. Uma capacidade total instalada de 18 GW produziria cerca de 46 TWh de energia limpa em 2015, e esta aumentaria para 90 GW, gerando 223 TWh apenas cinco anos mais tarde. Em 2030, a capacidade instalada aumentaria para 250 GW, com uma produção anual de eletricidade de 658 TWh.

3.15. OCDE Europa

A OCDE Europa abrange vinte e três países (ver página 22-23 para a lista completa de países). Embora os mercados individuais dentro deste grupo de países possam evoluir a ritmos diferentes de ano para ano, a tendência geral tem sido de crescimento constante. Em 2011, foram adicionados 9,4 GW de nova energia eólica, elevando a capacidade total instalada para 94,3 GW (Figura 9).

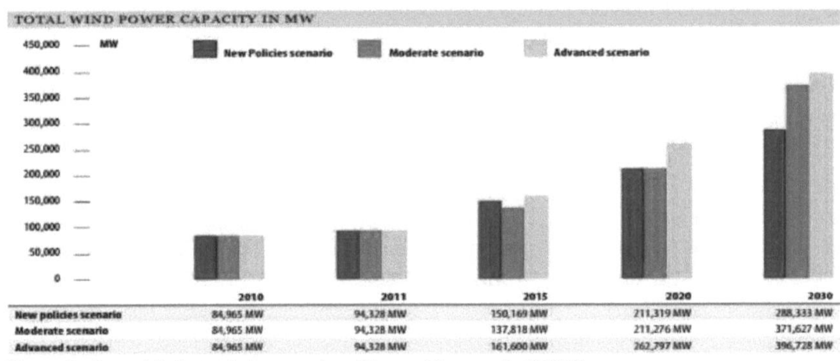

	2010	2011	2015	2020	2030
New policies scenario	84,965 MW	94,328 MW	150,169 MW	211,319 MW	288,333 MW
Moderate scenario	84,965 MW	94,328 MW	137,818 MW	211,276 MW	371,627 MW
Advanced scenario	84,965 MW	94,328 MW	161,600 MW	262,797 MW	396,728 MW

Figura 9. Capacidade total de energia eólica na Europa da OCDE

Em 2011, a Alemanha e o Reino Unido foram os dois maiores mercados anuais de energia eólica, com 2 086 MW e 1 293 MW de novas instalações, respetivamente, seguidos da Espanha (1 050 MW), Itália (950 MW), França (830 MW) e Suécia (763 MW). Outros quatro países - Polónia (436 MW), Turquia (470 MW), Portugal (377 MW) e Grécia (311 MW) - instalaram, cada um, mais de 300 MW em 2011. Quinze destes países têm atualmente mais de 1 GW de capacidade total de energia eólica instalada.

Embora a distribuição do mercado mude de ano para ano, a indústria avança em direção ao seu objetivo para 2020 de fornecer 14-16% da eletricidade da Europa até ao final da década. A capacidade eólica total instalada até ao final de 2011 produzirá, num ano de vento normal, 204 TWh dc eletricidade, o suficiente para satisfazer 6,3% do consumo total de eletricidade da UE.

3.16. Alemanha

Em 2011, o mercado eólico alemão recuperou da crise financeira e económica de 2010. A Alemanha manteve a sua posição de líder europeu em energia eólica, com 29 060 MW de capacidade instalada e 22 297 turbinas eólicas em funcionamento. Em 2011, foi adicionada uma capacidade total de 2.085, incluindo 238 MW em repotenciação e 108 MW offshore. As turbinas onshore com uma capacidade instalada de 123 MW foram desactivadas em 2011. Em comparação com 2010, o mercado eólico alemão registou um crescimento anual de 30%.

A energia eólica produziu 48 TWh de eletricidade em 2011, o que representou 7,8% do consumo líquido de eletricidade do país. No total, 20% da eletricidade foi produzida a partir de fontes renováveis na Alemanha em 2011, sendo a energia eólica a que mais contribuiu.

No verão de 2011, o Parlamento alemão votou a favor do abandono total da energia nuclear até 2022. Esta decisão terá um impacto significativo no planeamento energético da Alemanha até 2020 e para além dessa data. Além disso, a Lei das Fontes de Energia Renováveis (EEG) alterada, que entrou em vigor em 1 de janeiro de 2012, continua a proporcionar um apoio estável à energia eólica em terra e melhorou as condições de apoio à energia eólica no mar, prevendo-se que venha a apoiar um maior crescimento do sector eólico alemão no futuro. A EEG alterada fixa o objetivo da Alemanha para as energias renováveis no consumo final de energia num mínimo de 35% até 2020 e 80% até 2050.

Em 2012, o sector eólico alemão prevê novas instalações de cerca de 2 200 MW, incluindo 200 MW de energia eólica offshore.

3.17. Reino Unido

O Reino Unido possui alguns dos melhores recursos eólicos da Europa e é o líder mundial no desenvolvimento offshore, mas o desenvolvimento onshore tem-se tornado cada vez mais controverso em algumas partes do país.

A dimensão total do mercado do Reino Unido é ligeiramente superior a 6,5 GW, com 1 293 MW de nova capacidade instalada em 2011, incluindo 752,45 MW de capacidade offshore. As duas maiores instalações onshore do Reino Unido estão localizadas na Escócia: Clyde South com 56 turbinas (128,8 MW) e Arecleoch com 60 turbinas (120 MW). Em 2011, foi acrescentada uma importante capacidade de produção nos sectores da energia eólica terrestre e marítima.

Apesar da crise financeira, a indústria eólica do Reino Unido fez progressos constantes em 2011, satisfazendo 12% da procura de eletricidade do Reino Unido em 28 de dezembro e fornecendo uma média de 5,3% da eletricidade do Reino Unido durante o mês. De acordo com os últimos estudos, publicados no relatório anual da Renewable UK sobre o estado do sector, em outubro de 2011, o país deverá manter esta vantagem competitiva na energia eólica offshore nos próximos anos, com um total de 8 GW de capacidade instalada até 2016 e mais 10 GW até 2020. De facto, o Reino Unido já obtém perto de 2% do seu consumo líquido de eletricidade a partir da energia eólica offshore e esta percentagem deverá aumentar para 17% a 20% dentro de dez anos.

3.18. Espanha

A Espanha dispõe de importantes recursos eólicos. De acordo com as estimativas do Instituto para a Diversificação e Poupança Energética (IDAE), publicadas no Plano Nacional de Energias Renováveis para 2011-2020, o potencial técnico-económico da energia eólica em terra é superior a 100 GW até 2020 e superior a 150 GW até 2030. Para a energia eólica offshore, o potencial atual é estimado em 85 GW, com um objetivo de 750 MW até 2020.

Até 2010, o mercado espanhol da energia eólica registou um enorme crescimento, tendo o país liderado a Europa em 2009 com 2,46 GW de novas instalações, elevando a capacidade eólica total para 19,1 GW. A energia eólica tornou-se assim a terceira maior tecnologia de produção de eletricidade em Espanha, atrás do gás de ciclo combinado e da energia nuclear. A Espanha é o lar de algumas das principais empresas internacionais de energia eólica.

Em 2011, o mercado eólico espanhol baixou de velocidade devido à recessão económica e registou apenas um crescimento modesto. De acordo com a Associação Espanhola de Energia Eólica, foram adicionados 1 050 MW de nova capacidade, elevando o total de instalações para 21 673 MW.

O ano de 2011 foi novamente um ano mais ventoso do que a média em Espanha e os parques eólicos do país produziram 42 TWh de eletricidade, representando mais de 15% do consumo líquido de energia. O conjunto das fontes de energia renováveis produziu cerca de 33% das necessidades de eletricidade de Espanha, sendo a energia eólica a que mais contribuiu.

Em janeiro de 2012, o novo governo eleito adoptou uma moratória temporária sobre todas as novas instalações de energias renováveis. A moratória não se aplica às instalações existentes nem às instalações de energia eólica ligadas à rede em 2012. No entanto, devido ao facto de esta nova legislação ter acrescentado uma complexidade e atrasos consideráveis à aprovação de parques eólicos e de ter reduzido o prémio concedido à energia eólica, a evolução futura do mercado não é tão certa.

3.19. França

A França possui bons recursos eólicos e o segundo maior potencial eólico da Europa. Embora o país tenha tido um arranque tardio, o desenvolvimento da energia eólica tem sido rápido na última década.

O Governo francês estabeleceu um objetivo de 25 GW de energia eólica, incluindo 6 GW offshore, como parte da sua obrigação ao abrigo da Diretiva Renováveis da UE, que exige que a França satisfaça 23% da procura final de energia com fontes renováveis até 2020. 25 GW de energia eólica produziriam 55 TWh por ano, representando assim 10% do consumo total de eletricidade do país.

Em 2011, 830 MW de nova energia eólica foram ligados à rede eléctrica francesa, atingindo uma capacidade total instalada de 6 800 MW, com 4 000 turbinas eólicas em funcionamento espalhadas por todo o país. Globalmente, a energia eólica produz atualmente 2,5% da procura de eletricidade em França.

Em julho de 2011, o Governo francês lançou um primeiro concurso para o desenvolvimento de 3GW de energia eólica offshore em cinco zonas do Atlântico, do Mar do Norte e do Canal da Mancha. Um segundo concurso para a capacidade eólica offshore está previsto para finais de 2012. O último concurso diz respeito a um parque eólico ao largo de LeT report, no norte de França, com uma capacidade de 705 MW, e a um segundo ao largo da ilha de Noirmoutier, com uma capacidade de 600 MW.

Ainda não há certezas quanto à escala do desenvolvimento da energia eólica em terra em 2012, mas as recentes alterações regulamentares, juntamente com a falta de capacidade da rede em certas regiões, são susceptíveis de abrandar o ritmo. Além disso, o impacto real da crise económica no financiamento de projectos eólicos ainda está por ver.

3.20. Turquia

O sector eólico da Turquia progrediu rapidamente, tendo a capacidade instalada aumentado de 30 MW em 2007 para 1 800 MW no final de 2011. A Turquia dispõe de excelentes recursos eólicos, nomeadamente nas bacias de Qanakkale-izmir, Balikesir e Hatay.

O potencial total viável para a energia eólica foi estimado em 47 GW, o que permite um crescimento significativo do mercado eólico turco nos próximos anos. Prevê-se que a capacidade eólica instalada cresça entre 500 e 1000 MW por ano, atingindo mais de 5 GW até 2015. A Turquia espera instalar até 20 GW até 2023, ajudando o país a obter 30% da sua eletricidade a partir de energias renováveis até essa data.

Atualmente, os maiores obstáculos ao desenvolvimento da energia eólica na Turquia são os procedimentos administrativos complexos e burocráticos. É necessário clarificar a aplicabilidade dos novos regulamentos relativos ao conteúdo local e, uma vez clarificados, estes devem ser alargados até 2020. O sector eólico poderia facilmente fornecer 20% ou mais da eletricidade da Turquia e, com melhorias na rede, poderia mesmo ser mais.

Devido aos objectivos para 2020 dos países membros da UE, o cenário Novas Políticas e o cenário GWEO Moderado seguem trajectórias de crescimento ligeiramente diferentes para atingir o objetivo de 211 GW para 2020.

Resultados dos cenários regionais O cenário Novas Políticas da AIE prevê que o mercado registará 150 GW até 2015 e 288 GW até 2030. O cenário moderado prevê que o mercado registará 138 GW de capacidade cumulativa até 2015 e que os mercados crescerão a um ritmo mais saudável após 2015, atingindo 211 GW em 2020 e 372 GW em 2030.

Esta tendência constante garantiria que a energia eólica forneceria anualmente cerca de 977 TWh de eletricidade à região até 2030, poupando a emissão de mais de 586 milhões de toneladas de CO2 por ano. Interessante é o contraste entre estes dois primeiros cenários no que respeita ao emprego. No novo cenário político, o emprego atinge o seu pico mais cedo, em 2015, altura em que o sector empregará cerca de 292 000 pessoas em toda a Europa, caindo depois para 180 000 em 2030.

No cenário moderado, no entanto, uma curva de crescimento mais longa e sustentada mostra uma expansão do emprego entre 2012 e 2020, altura em que o sector eólico empregará cerca de 271 000 pessoas. Esta tendência continua e prevê-se que o sector eólico empregue 315 000 pessoas até 2030 na região. Até 2020, o cenário avançado prevê uma capacidade total de cerca de 262 GW. Tal desencadearia investimentos anuais de cerca de 24 mil milhões de euros até 2020 e quase 350 000 pessoas estariam empregadas no sector eólico nessa altura. Em termos de produção de eletricidade e de poupanças de CO2 daí resultantes, o cenário Avançado também mostra o que poderia ser alcançado: a energia eólica produziria perto de 1 043 TWh de eletricidade por ano, evitando simultaneamente a emissão de 626 milhões de toneladas de CO2 por ano em 2030.

3.21. OCDE Pacífico

As geografias e as populações dos quatro países aqui abordados - Austrália, Nova Zelândia, Japão e Coreia do Sul - são muito diferentes. Situados em hemisférios diferentes e separados por uma vasta extensão do Oceano Pacífico, a Coreia do Sul e a Nova Zelândia estão a dez mil quilómetros de distância. No entanto, o que têm em comum é o elevado consumo de energia per capita e todos, exceto a Coreia do Sul, têm obrigações de redução de emissões ao abrigo do Protocolo de Quioto (Figura 10).

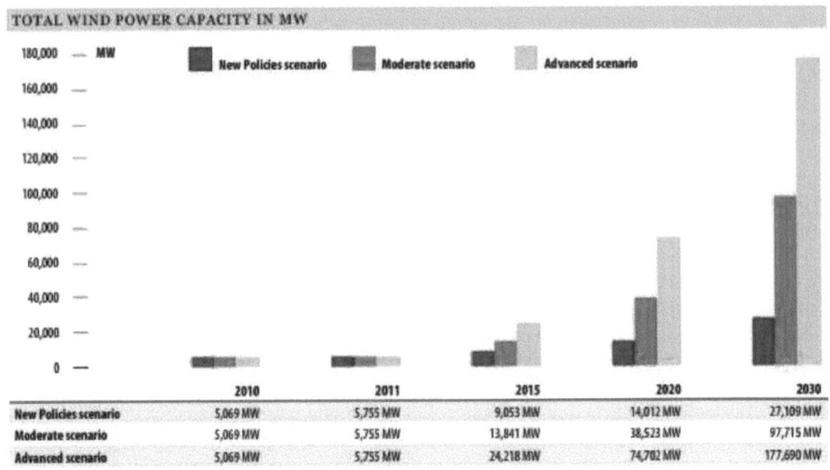

	2010	2011	2015	2020	2030
New Policies scenario	5,069 MW	5,755 MW	9,053 MW	14,012 MW	27,109 MW
Moderate scenario	5,069 MW	5,755 MW	13,841 MW	38,523 MW	97,715 MW
Advanced scenario	5,069 MW	5,755 MW	24,218 MW	74,702 MW	177,690 MW

Figura 10. Capacidade total de energia eólica no Pacífico da OCDE

3.22. Austrália

Historicamente, a Austrália tem dependido fortemente do carvão e da energia hidroelétrica para a sua energia eléctrica. No entanto, possui alguns dos melhores recursos eólicos (e solares) do mundo. Os excepcionais recursos eólicos da Austrália permitiram que a energia eólica contribuísse cada vez mais para o cabaz energético do país. Embora seja ainda uma indústria relativamente nova, a energia eólica fornece atualmente mais de 6 400 GWh por ano, o que representa mais de 2% do consumo nacional de eletricidade. No final de 2011, a Austrália tinha 1.211 turbinas eólicas em funcionamento em 58 parques eólicos com uma capacidade total instalada de 2.224 MW. A capacidade total instalada de energia eólica registou um crescimento médio de 35% por ano nos últimos cinco anos.

O regime de metas para as energias renováveis (RET) do Governo australiano foi concebido para fornecer 20% do abastecimento de eletricidade da Austrália a partir de fontes renováveis até 2020. A Meta de Energia Renovável em Grande Escala e o Esquema de Energia Renovável em Pequena Escala fornecem incentivos concebidos para colmatar o fosso entre o preço da eletricidade negra e a energia renovável, e espera-se que produzam mais de 45.000 GWh em 2020.

O governo australiano introduziu nova legislação sobre o preço do carbono, estabelecendo as bases para uma estratégia nacional de redução da poluição por carbono. Em agosto de 2012, o governo australiano e a Comissão Europeia chegaram a um acordo para ligar as suas plataformas de comércio de carbono num mercado partilhado. A partir de 1 de julho de 2015, o regime de fixação de preços do carbono da Austrália será ligado ao Sistema de Comércio de Licenças de Emissão (ETS) da UE no âmbito de uma ligação provisória que sincronizará os preços do carbono nos dois mercados e permitirá o comércio global de licenças. A ligação completa está prevista para janeiro de 2018, o mais tardar.

3.23. Nova Zelândia

A Nova Zelândia dispõe de abundantes recursos energéticos renováveis e as energias renováveis fornecem 73% da eletricidade do país (55% de grandes centrais hidroeléctricas, 15% de energia geotérmica e 3% de energia eólica). Globalmente, com uma população de apenas cerca de 4,5 milhões de habitantes, a capacidade total de produção de energia instalada do país é ligeiramente inferior a 10 GW, mas a procura de eletricidade está a aumentar e existem planos para eliminar progressivamente

500 MW de produção a carvão.

O governo da Nova Zelândia tem como objetivo que as energias renováveis forneçam 90% da eletricidade do país até 2025, o que está a criar boas oportunidades para a energia eólica, especialmente porque a energia eólica e a energia hidroelétrica se combinam de forma tão eficaz. Dentro de 20 anos, a quota-parte da energia eólica no fornecimento de eletricidade da Nova Zelândia poderá potencialmente aumentar para 20%. A Nova Zelândia instalou 109 MW em 2011 para um total de 623 MW, um aumento de 20% na capacidade instalada acumulada. A energia eólica fornece atualmente pouco mais de 4% da eletricidade da Nova Zelândia, sem qualquer subsídio ou tratamento especial.

3.24. Coreia do Sul

A Coreia do Sul é o décimo maior consumidor de energia do mundo e as suas emissões de gases com efeito de estufa duplicaram desde 1990, em parte devido à utilização intensiva de carvão. Em 2010, a Coreia do Sul foi o oitavo maior emissor de gases com efeito de estufa a nível mundial, com 579 milhões de toneladas de emissões de CO2 [36].

A Coreia do Sul tem como objetivo que as energias renováveis forneçam 11% da energia primária do país (não apenas eletricidade) até 2030. Em março de 2010, foi aprovada uma lei que exige que os serviços públicos aumentem a percentagem de energias renováveis na sua produção total de eletricidade (excluindo as grandes centrais hidroeléctricas) de 1% (em 2010) para 4% até 2015, aumentando para 10% até 2022. Em 2010, o Ministério do Conhecimento e da Economia (MKE) publicou um roteiro para o desenvolvimento da energia eólica offshore, com a primeira prioridade atribuída a um projeto de parque eólico offshore de 2,5 GW localizado no Mar do Oeste-Sul.

A capacidade eólica cresceu apenas 298 MW em 2011, um aumento de 8%, elevando a capacidade total instalada para 407 MW. O sector produziu 857 GWh em 2011, um aumento de 18,8% em relação ao ano anterior; mas uma combinação de procedimentos de licenciamento complexos e a contínua oposição local ao desenvolvimento de parques eólicos terrestres dificultou o crescimento do sector. No entanto, há indícios de que as atitudes dos governos locais e dos residentes estão gradualmente a tornar-se mais positivas em relação à energia eólica.

O desenvolvimento da energia eólica na Coreia foi também facilitado pelo facto de várias grandes empresas internacionais sediadas na Coreia terem entrado recentemente no negócio da energia eólica. A indústria coreana de energia eólica estabeleceu um objetivo de 23 GW a atingir até 2030, o que, com uma produção de cerca de 50 TWh, satisfaria cerca de 10% da procura total de eletricidade do país.

Tal como a Austrália e a Nova Zelândia, também a Coreia do Sul está a tentar implementar um regime nacional de limitação e comércio de emissões. Em maio de 2012, a Assembleia Nacional aprovou um projeto de lei para estabelecer um programa de limitação e comércio de emissões que exige que as empresas que excedam as suas quotas de emissões comprem licenças às que têm emissões mais baixas, com o apoio dos partidos no poder e da oposição. O projeto de lei prevê que o comércio de emissões tenha início em 2015. Espera-se que, em 2020, este programa esteja ligado aos regimes australiano e chinês de comércio de licenças de emissão.

3.25. Japão

O Japão entrou numa nova era após o terramoto/tsunami e a catástrofe nuclear de 11 de março de 2011: uma esmagadora maioria da população japonesa rejeita agora a energia nuclear e apela a uma transformação do sistema energético no sentido da dependência das energias renováveis. Uma vez que a percentagem de energias renováveis no cabaz energético do Japão é baixa, são necessários grandes esforços para substituir o antigo sistema energético por um sistema mais moderno e flexível, adequado a uma grande implantação das energias renováveis.

No final de 2011, tinham sido instalados no Japão 2 501 MW de capacidade eólica, constituídos por 1 832 turbinas eólicas em funcionamento, que fornecem cerca de 4 200 GWh por ano. Este valor representa cerca de 0,5% do fornecimento total de eletricidade no Japão. O mercado de 2011 registou a instalação de 78 turbinas que produziram 166 MW de nova energia eólica, uma diminuição de 34% em relação aos 252 MW instalados em 2010.

Numa iniciativa a favor das energias renováveis, as novas tarifas de aquisição de energias renováveis do Japão foram anunciadas em 1 de julho de 2012. Já atraíram cerca de 1,54 mil milhões de euros em investimentos, tendo-se registado, até setembro de 2012, nada menos que 33 695 empresas e indivíduos para vender energia renovável ao abrigo do novo regime. O MITI estima que o investimento total em energias renováveis poderá rondar os 495 mil milhões de euros até 2030. Os primeiros investimentos tenderam a favorecer a energia solar fotovoltaica, mas em setembro foram anunciados planos para um projeto eólico de 1000 MW em Hokkaido, bem como um projeto mais pequeno no sul.

Apesar deste passo positivo, existem várias preocupações quanto ao futuro do desenvolvimento da energia eólica no Japão. Entre outras coisas, é urgentemente necessário um plano integrado para a promoção da energia eólica. Atualmente, coexistem políticas de apoio e de obstrução que impedem o crescimento em grande escala do sector. Uma dessas restrições é a nova regulamentação ambiental, que irá abrandar o desenvolvimento da energia eólica. No entanto, o problema mais grave no Japão é a estrutura monopolista e verticalmente integrada das suas empresas de eletricidade. O futuro do sector da eletricidade do Japão após Fukushima continua a ser um tema de debate importante.

Dada a diversidade dos quatro países abrangidos, vale a pena fazer uma rápida comparação lado a lado:

O Japão tem um enorme mercado no sector da energia - três vezes maior do que o da Coreia, cinco vezes maior do que o da Austrália e 25 vezes maior do que o da Nova Zelândia. Até à data, o Japão tem a maior capacidade eólica instalada deste grupo, com 2501 MW (em 2011). Tanto a Austrália como a Nova Zelândia dispõem de excelentes recursos eólicos, mas, dado que a Nova Zelândia dispõe de uma boa capacidade hidroelétrica e de uma procura de energia limitada, o mercado total que poderá ser desenvolvido neste país será provavelmente modesto. A Coreia tem o mercado eólico mais pequeno e mais jovem dos quatro países, mas tem vários fabricantes nacionais de turbinas e um plano de longo prazo para expandir as energias renováveis.

O cenário Novas Políticas para a OCDE-Pacífico prevê que o crescimento anual do mercado eólico atinja 982 MW em 2015, permanecendo depois estável com instalações de aproximadamente 992 MW até 2020, para aumentar lentamente até atingir um nível de 1615 MW por ano em 2030. Isto elevaria a capacidade total instalada de 14 GW em 2020 para 27 GW em 2030.

Os efeitos na economia e no clima seriam marginais, em comparação com o poder económico total destes países. Os investimentos anuais rondam os 1,1 mil milhões de euros entre 2016 e 2020, aumentando apenas marginalmente para atingir 1,8 mil milhões de euros até 2030.

Em termos de alterações climáticas, a energia eólica não desempenharia, neste cenário, um papel importante para ajudar estes países a atingir os seus objectivos - apenas 21 milhões de toneladas de CO2 seriam poupadas anualmente em toda a região até 2020, em comparação com mais de 579 milhões de toneladas atualmente emitidas apenas pela Coreia do Sul. O cenário Moderado mostra que, com um quadro operacional mais positivo, poderia haver 98 GW de energia eólica em funcionamento em 2030 - mais do triplo da capacidade do cenário Novas Políticas - enquanto o cenário Avançado prevê 178 GW.

Com 178 GW de energia eólica, estes países produziriam cerca de 467 TWh e evitariam a emissão de 280 milhões de toneladas de CO2 por ano. Até 2030, os mercados eólicos destes países receberiam investimentos no valor de quase 9,4 mil milhões de euros por ano e o sector empregaria mais de 182 000 pessoas, em comparação com as 9 400 pessoas empregadas em 2011.

3.26. OCDE América do Norte

A América do Norte, tal como definida pela AIE, inclui o Canadá, os EUA e o México e, por conseguinte, uma variedade de áreas geográficas. Algumas delas, especialmente as planícies e as costas, têm excelentes recursos eólicos (Figura 11).

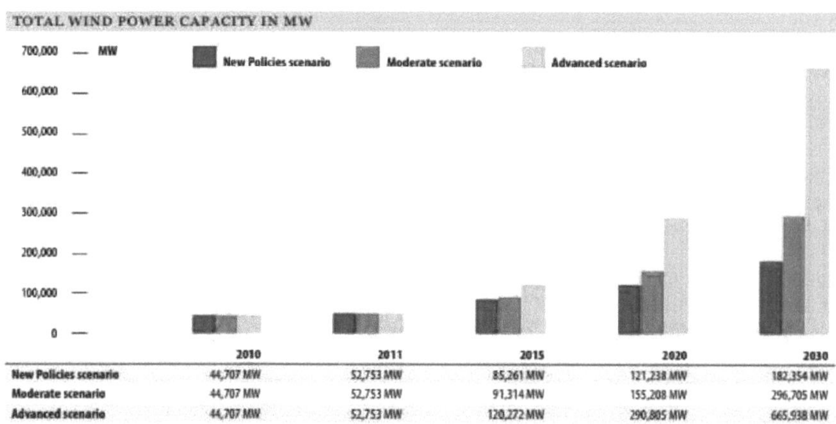

	2010	2011	2015	2020	2030
New Policies scenario	44,707 MW	52,753 MW	85,261 MW	121,238 MW	182,354 MW
Moderate scenario	44,707 MW	52,753 MW	91,314 MW	155,208 MW	296,705 MW
Advanced scenario	44,707 MW	52,753 MW	120,272 MW	290,805 MW	665,938 MW

Figura 11. Capacidade total de energia eólica na América do Norte da OCDE

3.27. Estados Unidos

O mercado dos EUA registou um crescimento anual de mais de 30% em 2011, acrescentando 6 810 MW em 31 estados, para uma capacidade instalada total de quase 47 GW, e um crescimento acumulado do mercado de quase 17%. Embora o mercado dos EUA ainda se debata com a incerteza em torno da extensão do Crédito Fiscal à Produção (PTC) federal, a energia eólica está agora estabelecida em 38 estados, e a pegada da indústria de fabrico de turbinas e componentes dos EUA abrange 43 estados. Isto significa que os fabricantes norte-americanos conseguiram fornecer cerca de 60% do conteúdo para o mercado dos EUA em 2011, contra apenas 25% há alguns anos. Tudo aponta para um crescimento excecional em 2012, embora este seja ensombrado por perspectivas pouco animadoras para o mercado de 2013, dependendo do destino do PTC.

Por razões que muitas vezes parecem ter mais a ver com a política de Washington do que com o interesse nacional, a política energética dos EUA tem sido de curto prazo e inconsistente, com a indústria a acelerar para apanhar a luz verde ou a travar a fundo. Embora nos últimos anos se tenha assistido a uma maior estabilidade, no momento em que este relatório está a ser redigido (início de outubro de 2012), a Associação Americana de Energia Eólica (AWEA) sublinhou, pela enésima vez, que os despedimentos estão a aumentar na energia eólica dos EUA e nas indústrias conexas devido ao atraso do Congresso em prorrogar o PTC. Este facto já causou a perda de milhares de postos de trabalho; e uma expiração total custará quase 37 000 postos de trabalho nacionais [37].

A energia eólica gera atualmente cerca de 2% das necessidades de eletricidade dos EUA, mas os especialistas estimam que, com as políticas corretas em vigor, o potencial é muito maior. No seu relatório de 2012, a Administração da Informação sobre Energia dos EUA calcula que as emissões de CO2 relacionadas com a energia aumentam num total de 3% entre 2010 e 2035, para um total de 5 806 milhões de toneladas em 2035. Durante este período, o consumo total de eletricidade, incluindo as compras aos produtores de energia eléctrica e a produção no local, aumenta de 3 879 mil milhões de kWh em 2010 para 4 775 mil milhões de kWh em 2035 [37].

Com o aumento da procura de eletricidade e a retirada de 88 GW da capacidade existente, prevê-se que, entre 2011 e 2035, sejam acrescentados 235 GW de nova capacidade de produção (incluindo a produção combinada de calor e eletricidade para utilização final), e a energia eólica pode dar um contributo importante.

Em 2011, a indústria eólica dos EUA continuou a registar uma maior diversidade geográfica. O número de estados com projectos eólicos instalados à escala de serviços públicos situa-se em 38, com 31 estados a acrescentarem nova capacidade em 2011. Os estados mais activos em 2011, que instalaram entre 500 MW e 920 MW de nova energia eólica, incluem a Califórnia, Illinois, Iowa, Minnesota e Oklahoma. Embora os líderes de longa data da indústria eólica tenham instalado o maior número de megawatts, os Estados que registaram as maiores taxas de crescimento em 2011 foram Ohio, Vermont, Massachusetts, Michigan e Idaho; todos eles duplicaram ou quase duplicaram a sua capacidade eólica instalada em 2011. Estes estados emergiram como regiões eólicas activas em resultado de novas políticas estatais, bem como beneficiando de novas tecnologias que utilizam alturas de cubo mais elevadas e diâmetros de rotor maiores, que captam mais energia.

O maior desafio do sector da energia eólica dos EUA para 2012 é um desafio com o qual o sector tem vivido durante muitos anos: políticas instáveis e de curto prazo. O crédito fiscal federal para a produção (PTC), um crédito fiscal baseado no desempenho para os quilowatts-hora produzidos por um parque eólico depois de construído, tem sido normalmente prolongado em incrementos de um ou dois anos. Este facto contrasta fortemente com os direitos permanentes que as indústrias de combustíveis fósseis têm recebido durante 90 anos ou mais. É necessária uma política estável para que a indústria eólica comece a estar à altura do seu potencial, atraindo novos investimentos maciços e criando milhares de novos postos de trabalho. No entanto, a energia eólica é hoje uma fonte de energia dominante estabelecida nos EUA - acrescentando 35% de toda a nova capacidade de produção de eletricidade dos Estados Unidos entre 2007 e 2010. O sector da energia eólica dos EUA está bem posicionado para beneficiar de um ambiente político mais estável.

3.28. Canadá

O Canadá possui um imenso recurso eólico. A energia eólica registou um ano recorde em 2011, com 1 267 MW de nova capacidade de energia eólica, representando um investimento de quase 24,5 mil milhões de euros e criando 13 000 pessoas-ano de emprego. O Canadá terminou 2011 com um total de 5 265 MW de capacidade instalada. Cada uma das províncias tem atualmente alguma energia eólica instalada. Em 2011, foram encomendados novos projectos de energia eólica na Colúmbia Britânica, Alberta, Saskatchewan, Manitoba, Ontário, Quebeque, Nova Brunswick e Nova Escócia.

O Ontário é o atual líder provincial, com 1 969,5 MW de instalações de energia eólica, e em 2011 foram aprovados os primeiros projectos ao abrigo da Lei da Energia Verde do Ontário (GEA). Seguem-se Alberta e Quebeque, com 891 MW e 918,4 MW, respetivamente. A Nova Escócia e a Colúmbia Britânica também estão a assistir a novos desenvolvimentos, com um total de 285,6 MW e 247,5 MW atualmente em funcionamento. Olhando para o futuro, existe uma reserva contratada de mais de 5 000 MW de projectos de energia eólica para os próximos cinco anos.

A estratégia nacional "WindVision 2025", juntamente com os objectivos regionais "WindVision" propostos para o Quebeque e agora para a Colúmbia Britânica, fazem parte da tentativa do sector de lançar o debate sobre o futuro da energia eólica a longo prazo no Canadá. Prevê-se que 2012 seja mais um ano recorde, com cerca de 1500 MW de novos desenvolvimentos a entrar em linha no Quebeque, Ontário, Alberta, Colúmbia Britânica, Ilha do Príncipe Eduardo e Nova Escócia. Com níveis de crescimento semelhantes ou superiores previstos para os próximos quatro anos, a indústria de energia eólica do Canadá ultrapassará os 10 000 MW de capacidade total instalada até 2015, mantendo o país no bom caminho para atingir o objetivo nacional "WindVision" de fornecer 20% das necessidades de eletricidade do Canadá até 2025.

Um domínio em que ainda é necessária clareza política é a abordagem do Canadá às alterações climáticas. A ausência de um quadro nacional de fixação de preços do carbono no Canadá que reconheça os atributos ambientais da energia eólica nos preços de mercado é fundamental para o futuro desenvolvimento da energia eólica. Caberá à indústria defender que a energia eólica é um investimento economicamente eficiente e sensato do ponto de vista dos preços da eletricidade.

3.29. México

O México também possui um recurso eólico excecional, especialmente na região de Oaxaca. O potencial eólico ainda não foi totalmente cartografado, embora, de acordo com estudos de mesoescala e regionais, existam várias grandes áreas com condições favoráveis ao desenvolvimento de parques eólicos com elevados factores de capacidade e velocidades médias anuais do vento superiores a 8 m/s; algumas delas chegam a atingir 11 m/s.

A Associação Mexicana de Energia Eólica (AMDEE) estima, de forma conservadora, o potencial de energia eólica do país em cerca de 30 GW, o que inclui locais com factores de capacidade superiores a 25%; destes, 21 GW são superiores a 30% e 16 GW situam-se entre 35% e 45%. É viável um objetivo nacional de energia eólica de 12 GW até 2020, mas ainda não foi definido um objetivo oficial.

No final de 2010, o México tinha um total de 519 MW de capacidade eólica instalada ligada à rede, com apenas 10 MW instalados fora do Estado de Oaxaca (na Baixa Califórnia). Em 2011, foram instalados e interligados mais 50 MW, mas este valor é enganador em termos dos progressos realizados pela indústria eólica mexicana em 2011, uma vez que foram concluídos os trabalhos de construção de mais 304 MW, que entraram em funcionamento no início de 2012, elevando o total para 873 MW. Um novo marco para o sector eólico mexicano foi alcançado em 2011, quando foram iniciados e estão em construção projectos em estados fora de Oaxaca.

Dentro desta região, estamos a olhar para os três mercados distintos dos Estados Unidos, Canadá e México. E como os vários estados e províncias têm as suas próprias políticas, há potencialmente mais variabilidade aqui do que no mercado único da China, por exemplo.

As nossas três projecções possíveis começam em 2011, e o cenário das Novas Políticas prevê um mercado estável de cerca de 8 GW por ano na América do Norte até 2015, abrandando para 6,7 GW em 2020, e descendo ainda mais para cerca de 5,9 GW no período 2022-2029.

Os números do cenário das Novas Políticas resultariam numa capacidade total de energia eólica de 182 GW até 2030, que produziria 479 TWh de eletricidade e evitaria a emissão de 288 milhões de toneladas de CO2 por ano.

No entanto, os cenários GWEO mostram que a energia eólica está a assumir um papel muito mais significativo neste continente. O cenário moderado mostra que, em 2020, o mercado anual de novas instalações eólicas poderá registar um crescimento de 14 GW até 2030. Além disso, até 2030, a energia eólica produziria mais de 780 TWh de eletricidade por ano, poupando emissões de CO2 de mais de 468 milhões de toneladas por ano. Neste cenário, os investimentos em energia eólica atingiriam um pico por volta de 2020, atingindo cerca de 16 mil milhões de euros por ano, mas depois estabilizariam ao longo da década até 2030.

Se o cenário avançado de 665 GW até 2030 se concretizasse, todos estes números seriam reduzidos ao mínimo: até 2030, seriam feitas enormes poupanças de CO2 de mais de 1 050 milhões de toneladas por ano, o sector empregaria cerca de 670 000 pessoas e a energia eólica, por si só, forneceria 1 750 TWh de eletricidade por ano em toda a América do Norte.

CAPÍTULO 4

4. MATERIAL E MÉTODOS

4.1. Material

A área de estudo situa-se na parte ocidental da Turquia, na província de Izmir, denominada Qe§me. Esta região é o ponto mais ocidental da Turquia, com uma das mais elevadas eficiências do regime de ventos em todo o país. A área de estudo situa-se a 75 km da cidade de Esmirna e é adjacente ao porto e à marina de Qe§me (Figura 12). Este estudo centra-se principalmente nas colinas de Kocadag e Karadag (Figura 13).

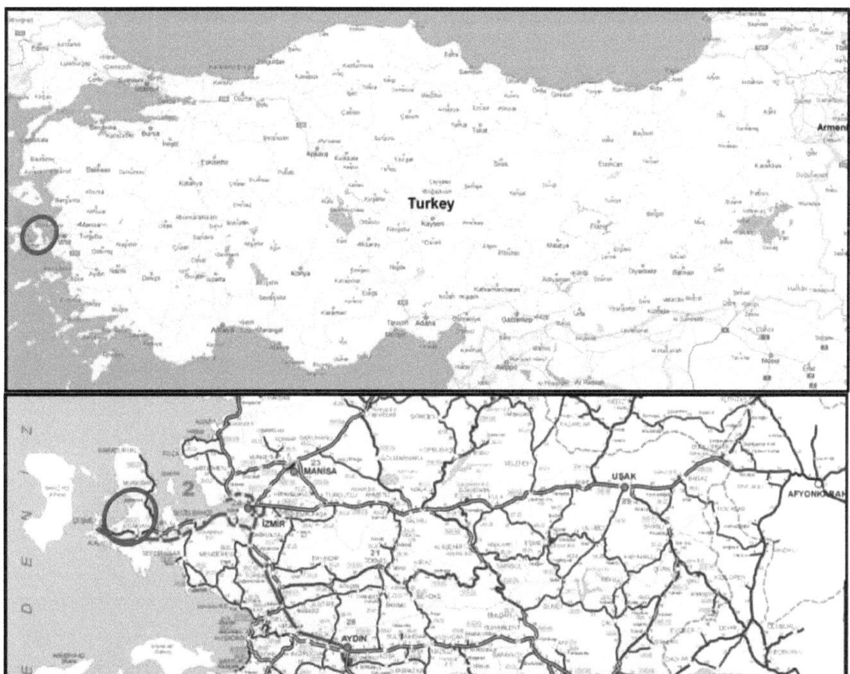

Figura 12. Localização da área de estudo na Turquia

Figura 13. Colinas de Kocadag e Karadag

Para este estudo, foram utilizados como material a carta topográfica L16b4 (Comando Geral da Cartografia), o plano ambiental à escala de 1/100 000 (Ministério do Ambiente), as plantas cadastrais (Direção Geral do Registo Predial e Cadastro), as cartas geológicas à escala de 1/100 000 (Direção Geral de Pesquisa e Exploração Mineral), as cartas de vegetação florestal (Direção Geral das Florestas) e os dados climáticos de 20 anos (Direção Geral de Meteorologia).

4.2. Métodos

O método de estudo baseia-se principalmente em duas fases. Trata-se de estudos de campo e de gabinete. Os estudos de campo foram efectuados em 30/09/2012. Nestes estudos detalhados, foram feitas observações para análises topográficas, geológicas e visuais, foram tiradas fotografias e recolhidas amostras para analisar o carácter geral da vegetação. Além disso, alguns dos destaques das coordenadas GPS (Global Positioning System) foram tirados com o dispositivo.

O software ArcGIS 9.3 e a extensão 3D Analyst foram utilizados para criar e apresentar várias análises, tais como mapas de topografia, declive, aspeto, vegetação, vistas e eficiência energética. Também foi criado um mapa de avaliação final com uma sobreposição ponderada para determinar as localizações adequadas das turbinas. Para avaliar a alteração visual, foi utilizado o software Adobe Photoshop CS3 para criar alternativas e para efeitos de preparação e apresentação.

CAPÍTULO 5

RESULTADOS E DISCUSSÃO

A área de estudo situa-se no sudoeste do distrito de Qesme. O pico de Karadag situa-se a norte e o pico de Kocadag a sul. O local situa-se num cume rodeado pelo Mar Egeu, a oeste, e pela autoestrada Qesme-Izmir, a leste, e pertence ao Tesouro da República Turca.

Em geral, o sítio tem uma topografia rochosa e podem ser vistas formações de vales e colinas de oeste para leste (Figura 14). Não existem fontes de água activas ou cursos de água. Existem riachos que correm na direção norte-sul a leste e a oeste do sítio. Mas trata-se apenas de cursos de água sazonais. A fonte de água mais próxima é a albufeira da barragem de KutluAktas, situada a cerca de 8 km a sudeste do local. A elevação da área de estudo vai do nível do mar até 172 m de altura (Figura 15).

Na análise de declives, é possível observar mais de 30% de declive nas encostas. Mas existe uma enorme área com declives percentuais inferiores a 12 % nas planícies das colinas. Estas áreas podem ser facilmente utilizadas como locais de instalação de turbinas eólicas e estruturas (Figura 14). Em geral, o terreno tem maioritariamente aspectos oeste e este. A visibilidade a oeste do terreno pode ser vista diretamente das costas e do mar (Figura 15).

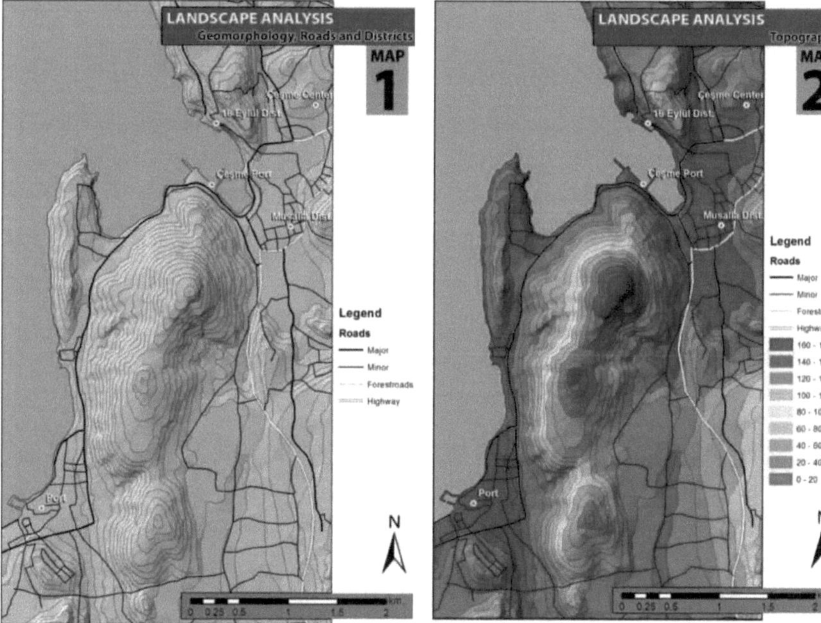

Figura 14. Análise Geomorfológica
Figura 15. Análise topográfica

Na análise de declives, é possível observar mais de 30% de declive nas encostas. Mas existe uma enorme área com declives percentuais inferiores a 12 % nas planícies das colinas. Estas áreas podem ser facilmente utilizadas como locais de instalação de turbinas eólicas e estruturas (Figura 16). Em geral, o terreno tem maioritariamente aspectos oeste e este. A visibilidade a oeste do terreno pode ser vista diretamente das costas e do mar (Figura 17).

As rochas básicas dos depósitos paleozóicos e terciários podem ser monitorizadas no local. A partir do mapa estratigráfico da província de Esmirna, as serpentinas estão expostas em Doganbey-Flis, de lugar para lugar em espaços apertados localizados no Golfo de Esmirna. As serpentinas verde-escuras, pretas ou verde-claras resultam da alteração de rochas ultrabásicas duras. Apresentam uma estrutura bastante fracturada. A estrutura geológica é homogénea.

O local situa-se na quadrícula B1 da Turquia. No diagnóstico das amostras de plantas recolhidas no terreno durante o trabalho de campo, foram identificadas 40 famílias pertencentes a 123 tipos e 138 espécies. As primeiras cinco das mais ricas em termos de número de espécies na área de estudo, o número de famílias e espécies é o seguinte 18 espécies de Asteraceae, Fabaceae, 17 espécies, 11 espécies de Lamiaceae, Liliaceae e 8 espécies de Boraginaceae.

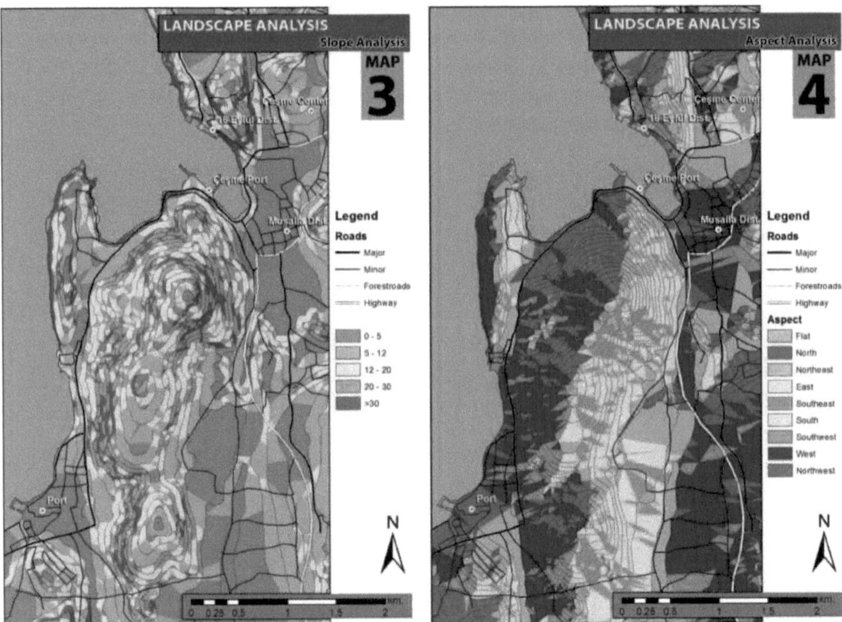

Figura 16. Análise do declive
Figura 17. Análise do aspeto

111 das 138 espécies foram identificadas na área como herbáceas, 17 arbustos, 7 arbustos e 3 delas têm a forma de árvore. A BERN no domínio das RES, CITES e espécies de plantas listadas na IUCN não foi determinada.A vegetação na área de estudo é geralmente homogénea. A cobertura vegetal no terreno não está a mudar regionalmente e para o estudo é generalizada (Figura 18).

Os estudos mostram que o impacto do ruído causado pelas turbinas está a diminuir entre 300 metros e, após 400 metros da fonte, o valor do ruído está a ficar apenas 5 dB mais alto do que os valores de ruído existentes. A análise do ruído foi efectuada tendo em conta os locais urbanos e as estradas para evitar perturbações para a população local e os turistas (Figura 19).

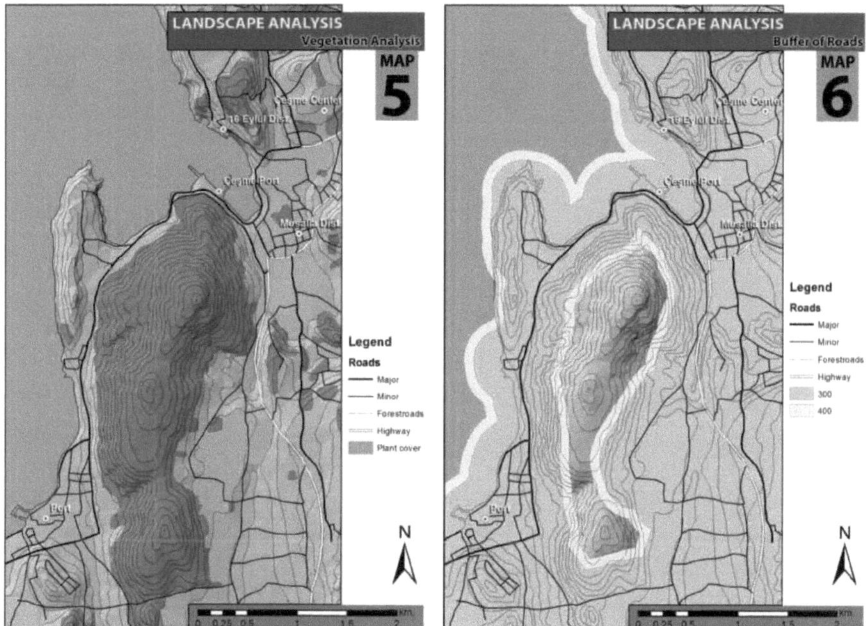

Figura 18. Análise da vegetação
Figura 19. Análise do ruído

Em termos de função de erosão da paisagem, estudos como Mapa/Icona, 1983, Mopu, 1985, §ahin e Kurum, 2002, Dilek et.al., 2008; Uzun et.al. 2012 utilizaram dados de geologia, declive e vegetação para determinar áreas ecologicamente sensíveis. A vegetação tem um carácter de prado e de pastagem. A geologia e a vegetação são geralmente homogéneas. Para a análise da erosão, não é necessário efetuar uma análise de sobreposição. Para a análise da erosão, o declive foi considerado um critério importante para a seleção do ponto de instalação.

Cinco pontos considerados importantes para a análise da paisagem. Trata-se de 19 distritos de Eyliil, Musalla, Qe§me e dois portos. Estes pontos são frequentemente utilizados para actividades urbanas e turísticas e estão a uma distância visível de 3 km. Na análise, as áreas que não podem ser vistas por nenhum ponto importante estão geralmente localizadas a oeste da área de estudo (Figura 20).

Para a área de estudo, as medições do vento começaram em janeiro de 2010 por empresas privadas chamadas CRES e OKMAN. O sistema de medição é composto por dois mastros tubulares de 50 metros, 8 sensores de velocidade do vento, 4 sensores de direção do vento e ainda 2 sensores de temperatura, 2 de pressão atmosférica e 2 de humidade. O mapa de análise criado por estas medições e escalado de 0 a 5. A escala 0 é usada para baixa velocidade do vento, e a escala 5 é usada para o valor máximo para a área (Figura 21).

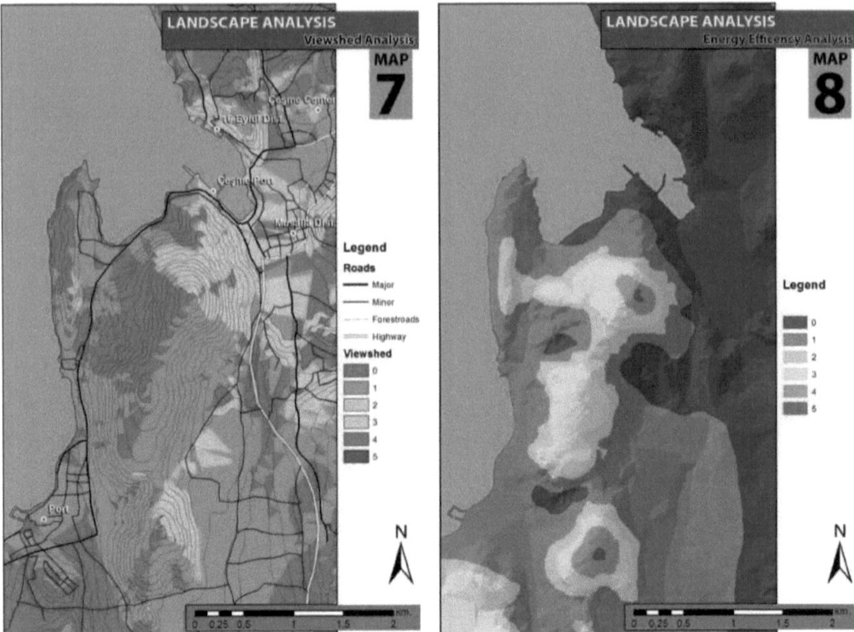

Figura 20. Análise da faixa de vista
Figura 21. Análise da eficiência energética

Foram criadas várias imagens virtuais para analisar as aparências potenciais das turbinas eólicas após a instalação. A imagem criada a partir da autoestrada Izmir - Qe§me para a área de estudo é apresentada na Figura 22 e as imagens das colinas de Kocadag e Karadag são apresentadas na Figura 23.

Figura 22. Imagem virtual da autoestrada Izmir - Qe§me para a área de estudo

Figura 23. Imagens virtuais das colinas de Kocadag e Karadag

É evidente que o aspeto geral e o carácter visual do terreno serão alterados. Se os pontos de instalação das turbinas não forem próximos uns dos outros e forem escolhidos corretamente, este efeito pode ser reduzido.

Foi utilizada uma análise de sobreposição ponderada para definir possíveis locais de instalação de turbinas. Foi criado um mapa de avaliação através da utilização de análises da paisagem, tais como: declive, vegetação, ruído, vistas e análise da eficiência energética. A escala de avaliação para a sobreposição ponderada foi selecionada de 1 a 9. O resultado foi reclassificado e os valores da escala definidos como 0 para "Restrito", 0-3 para "Muito baixo", 3-5 para "Baixo", 5-7 para "Alto" e 7-8 para "Melhor". Os mapas mostram que as melhores localizações para a instalação de turbinas serão as planícies de colinas mais altas e as cristas mais altas que têm aspectos ocidentais (Figura 24).

CAPÍTULO 6

CONCLUSÃO

A localização das turbinas eólicas pode ser crucial para a ecologia, o ambiente, o conforto humano e a produção de energia. Neste estudo foi desenvolvida uma abordagem para definir locais adequados para a instalação de turbinas eólicas. Após o processo de decisão, deve ser efectuado um estudo multidisciplinar sobre as fragilidades ecológicas.

Deve ser efectuada uma análise das manchas no âmbito dos princípios básicos da ecologia da paisagem. O efeito sobre a fauna deve ser definido através do número de classes, da dimensão das manchas, da forma das manchas, da análise das bordas e das zonas centrais. Por esta razão, devem ser efectuados trabalhos adicionais para a fauna, considerando os répteis, as aves e os mamíferos que vivem na região. Estudos recentes mostram que as aves serão as espécies mais afectadas.

As análises visuais foram avaliadas para vários pontos que serão importantes após a instalação, tais como marinas, instalações turísticas, locais históricos e urbanos importantes e estradas principais.

Durante o processo de construção, é provável que a presença de fauna seja ligeiramente afetada. As espécies que vivem na região serão afectadas pelo ruído que pode ocorrer durante os trabalhos. Para qualquer tipo de atividade de construção (escavação, manuseamento de resíduos de escavação, descarga e carga, etc.), deve ser seguido o "Regulamento de Avaliação e Gestão do Ruído Ambiental". A fim de evitar a emissão de poeira que pode ocorrer durante a preparação do terreno e a construção, o solo deve ser regado (pulverizado).

Também para outros estudos, o estatuto de propriedade, a utilização dos solos, a estrutura socioeconómica, o património arqueológico e cultural e as zonas de importância histórica devem ser cuidadosamente examinados. Os decisores devem dar importância aos elementos da paisagem cultural, à população local ou aos tipos de carácter paisagístico em zonas como formações geomorfológicas especiais, zonas florestais, etc. Estas zonas podem ser definidas como zonas de maior sensibilidade ecológica

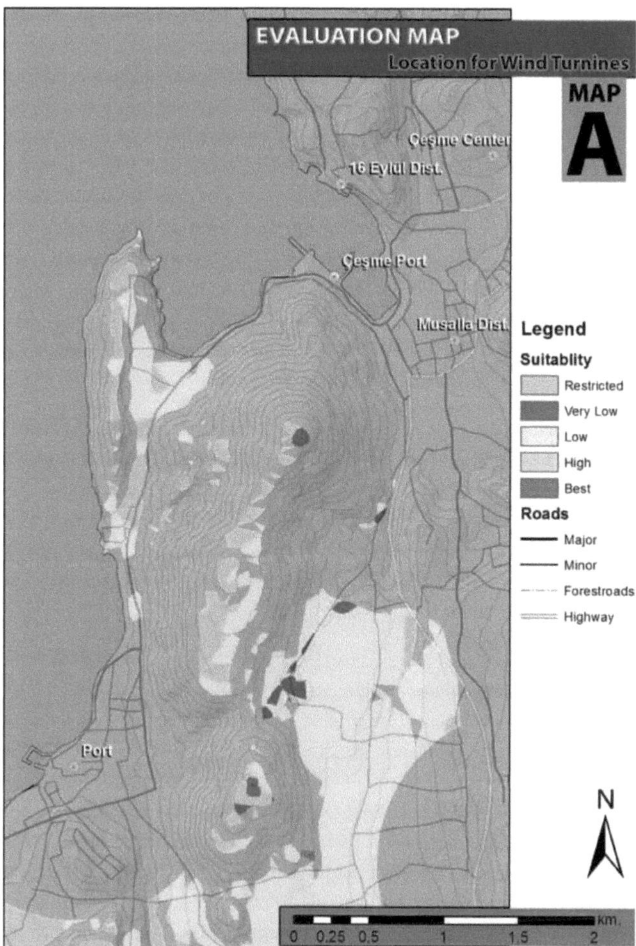

Figura 24. Mapa de avaliação das localizações das turbinas eólicas

Consequentemente, durante o processo de construção, o projeto da central eólica deve ter como objetivo minimizar os danos ambientais, os potenciais riscos de erosão e as perdas de qualidade visual. A fim de proteger a estrutura natural, devem ser efectuadas restaurações paisagísticas após a construção do local e devem ser feitas observações de campo.

A tecnologia das turbinas eólicas demonstrou o seu potencial de contribuição para as necessidades energéticas dos Estados Unidos. Se os locais com caraterísticas de vento aceitáveis fossem totalmente utilizados, poderiam contribuir até cerca de 10% das necessidades de energia eléctrica do país. A limitação baseia-se em questões de estabilidade do sistema de serviços públicos e não na disponibilidade de locais. Como em todas as decisões de investimento em energia, o nível de penetração final será determinado pelo custo da energia que é

produzido. Por sua vez, este valor é determinado pelo custo inicial da central eólica e pelo custo anual de manutenção e funcionamento.

Uma vez que várias empresas de energia eléctrica dos EUA continuam a aumentar a capacidade, haverá uma oportunidade para introduzir um novo design mais duradouro para um sistema de turbinas eólicas. Além disso, o interesse renovado do público pelas questões ambientais associadas à produção de eletricidade confere uma vantagem especial à energia eólica. É provável que um novo sistema de turbinas eólicas tire partido dos avanços na eletrónica de potência dos semicondutores para melhorar a produção de energia, bem como para proporcionar o controlo da potência reactiva, o que tornará a energia eléctrica gerada pelo vento mais passível de ser utilizada pelos serviços de eletricidade. Serão introduzidos novos esquemas de controlo de velocidade, mas o principal avanço deve ser conseguido através da conceção de rotores menos dispendiosos, mais duradouros e de maior eficiência. Um princípio orientador na criação deste projeto deve ser o de que o conhecimento das forças aerodinâmicas deve ser cuidadosamente integrado com a resposta estrutural do material, tudo isto equilibrado pelos aspectos práticos da experiência no terreno e temperado pela necessidade de fabricar um produto consistentemente de alta qualidade a um custo razoável.

Este comité examinou a base de experiência acumulada pelas turbinas eólicas e os programas de I&D que as acompanham, patrocinados pelo Departamento de Energia, e concluiu que um sistema de energia eólica como o acima descrito está dentro das capacidades da prática de engenharia. No entanto, existem algumas lacunas no conhecimento. A consecução deste objetivo sem tentativas e erros dispendiosos e ineficazes exige uma investigação e desenvolvimento críticos. Devido à natureza frágil dos produtores de equipamento de energia eólica nos Estados Unidos, será necessário um investimento em I&D por parte do Ministério da Energia.

A comissão não pode concluir sem comentar a situação da indústria de equipamentos de energia eólica. Devido à diminuição do número de máquinas instaladas nos últimos 5 anos, desde que os incentivos fiscais expiraram, existe atualmente apenas um grande fabricante integrado nos Estados Unidos. Além disso, apenas algumas empresas produzem ativamente pás. Além disso, nos últimos anos, um grande fabricante japonês entrou no mercado mundial para se juntar aos fabricantes europeus que já participam há algum tempo. Consequentemente, a indústria dos EUA não está em condições financeiras de se empenhar na I&D necessária para conquistar a liderança tecnológica mundial para o que a comissão considera ser um mercado mundial de energia eólica em crescimento no futuro. A comissão considera que os Estados Unidos estão perante uma futura redução significativa das fontes de energia fósseis. Quando este facto é conjugado com o ressurgimento da preocupação pública com as questões ambientais na produção de energia, a necessidade de desenvolver a energia eólica em toda a sua extensão parece imperiosa [38].

CAPÍTULO 7

REFERÊNCIAS

[1] . http://www.sustainableenergyforall.org/

[2] . http://www.one.org.ma/

[3] . http://www.gwec.net/

[4] . http://www.windpowermonthly.com/news/1154028/China-Development-Bank-buildfund-UK-private-equity-co/

[5] . http://www.nap.edu/read/1824/chapter/9

[6] . http://www.eia.gov/forecasts/aeo/er/early_elecgen.cfm

[7] . http://awea.org/blog/index.cfm?customel_dataPageID_1699=18982

[8] . https://www.cia.gov/library/publications/the-world-factbook/geos/ks.html

[9] . http://www.aedb.org/Main.htm

[10] . http://www.windenergy.org.vn/index.php?page=overview

[11] . http://www.windpowermonthly.com/news/1127995/Vietnams-first-turbines-online/

[12] . http://www.climateplanning.org/tools/swera-rrex

[13] . http://www.nortonrose.com/knowledge/publications/62385/renewable-energy-in-jordan

[14] . http://www.worldbank.org/projects/P093201/promotion-wind-power-market?lang=en

[15] . http://www.eia.gov/countries/country-data.cfm?fips=RS

[16].http://www.windpowermonthly.com/news/1150227/Warning-Bulgaria-cuts-wind- tarifas agrícolas

[17] . Mapa de vento de 3 níveis www.3tier.com/en/support/resource-maps/

[18] . Associação Americana de Energia Eólica (AWEA) (2011), Small Wind Turbine Global Market Study, AWEA, Washington, D.C

[19] . Archer, C. e M. Jacobson (2005), Evaluation of global wind power, Journal of Geophysical Research, American Geophysical Union.

[20] . Bir Gunjit, S, Computerized Method for Preliminary Structural Design of Composite Wind Turbine Blades, National Wind Technology Center, National Renewable Energy Laboratory, Journal of Solar Energy Engineering, vol. 123, Alemanha, 1994

[21] . Burton, T., Sharpe, D., Jenkins, N., Bossanyi, E, Wind Energy Handbook, John Wiley & Sons, Chichester, Inglaterra 2011.

[22] . Câmara de Comercialização de Energia Elétrica (CCEE) (2012), ver www.ccee.org.br para

detalhes.

[23] . Diveux, T., Sebastian P., Bernard, D., Puiggali, J.R., Grandidier, J.Y., 2011. Sistemas de turbinas eólicas de eixo horizontal: Optimization Using Genetic Algorithms, Wind Energy: 151-171.

[24] . Associação Europeia de Energia Eólica (EWEA) (2004), Wind Energy - The Facts: Volume 1 Technology, EWEA, Bruxelas.

[25] . EWEA (2009), The Economics of Wind Energy, EWEA, Bruxelas

[26] . Gielen, d., Renewable Energy Technologies: Cost Analysis Series, Agência Internacional para as Energias Renováveis, p. 64, 2012

[27] . GlobalData (2011), Small Wind Turbines (less than 100kW) - Global Market Size, Analysis by Power Range, Regulations and Competitive Landscape to 2020, GlobalData, Dinamarca

[28] . Sistemas de Energia Eólica da AIE (AIE Wind) (2007), AIE Wind: Relatório Anual de 2006, AIE

[29] . Mathew, S, Wind Energy - Fundamentals, Resource Analysis and Economics, Springer, Países Baixos, 2011

[30] . Grande parte da informação contida neste capítulo provém da Iniciativa para o Desenvolvimento das Energias Renováveis do BERD (www.ebrdrenewables.com).

[31] . Nielsen, et al. (2010), Economy of Wind Turbines (Vindmollcrs 0konomi), EUDP, Dinamarca.

[32] . RE Policy in Russia: Waking the Green Giant (IFC Russia RE Program, 2011) http://bit.ly/QT9A2n

[33] . Avanços recentes na implementação da energia eólica no Irão, por Mohammad Ameri*, Mehdi Ghadiri e Mehdi Hosseini, 2006, Universidade de Teerão www.jgsee.kmutt.ac.th/see1/cd/file/B-002.pdf

[34] . Ryan Wiser, Zhen bin Yang, Energia Eólica, Alemanha, 2011.

[35] . Smith, K., 2001. WindPACT Turbine Design Scaling Studies Technical Area 2: Turbine, Rotor, and Blade Logistics, National Renewable Energy Laboratory, NREL/SR-500-29439

[36] . UpWInd (2011), Design Limits and Solutions for Very Large Wind Turbines, EWEA, Bruxelas.

[37] . U. Turkyilmaz, 2007. Tecnologias de energia eólica: Preliminary Design Code Development. Instituto de Ciência e Tecnologia da Universidade Técnica de Istambul, TURQUIA

[38] . Watson, S.J., L. Landberg, e J.A. Halliday, 1994. Application of wind speed forecasting to the integration of wind energy into a large scale power system. IEE Proceedings -Generation, Transmission and Distribution, 141, pp. 357-362.

Printed by Books on Demand GmbH, Norderstedt / Germany